L'Étudiant de la Permaculture

Manuel 1

Ce manuel, ainsi que le cahier d'exercice qui l'accompagne, s'inspirent grandement de l'oeuvre de Geoff Lawton et de son cours en design permaculture sur Internet, de même que de l'oeuvre de ses prédécesseurs : Bill Mollison, David Holmgren, Mansanobu Fukuoka et PA Yeomans. Le contenu de ce manuel est adapté au niveau d'un élève de 11 ans et plus évoluant dans le système éducatif américain, mais ne se limite pas à ce public. Ce livre peut facilement servir de supplément dans n'importe quel cours de science de premier cycle aux États-Unis ou son équivalent international. Un adulte n'ayant pas le temps de lire des textes de permaculture plus avancés peut également se servir de ce manuel comme cours intensif.

La création de ce manuel, le premier dans une série potentielle, a pour but d'introduire une pensée de design éthique à l'éducation des enfants par des activités pragma-tiques, positives et pratiques. Ces activités relient tout un éventail de sciences : l'agri-culture, l'horticulture, l'écologie, la chimie, l'architecture paysagère, la nutrition et la biologie.

Traduction par Gabrielle Harris, Caleb Worner, Fanny Worner, et Benjamin Dupont.

Illustrations :
Page 8, "Light Bulb" de Matt Powers.
Pages 2-3, 5, 26, 34, 35, 41, 48 du bas, 51, 62, 64-65, 68, 79, 81 de Wayne Fleming.
Page de Alex McVey.
Page 89 de Lyric Piccolotti.
Toutes les autres illustrations de Brandon Carpenter.
Mise en page de Thomas Mitchell de Byblos Media.
Publié en 2015 par PowersPermaculture123.

Table des Matières

Introduction

I. Introduction

What Is Permaculture?

Qu'est-ce que la permaculture ? La permaculture a commencé simplement sous forme d'agriculture permanente (de l'anglais, « **perma**nent agri**culture** »), se limitant alors à un système **éthique** et **durable** de production d'aliments. Par la suite, la permaculture s'est développée pour devenir une véritable science de design, dotée **d'un code éthique** plus large visant à offrir une plus grande stabilité aux cultures humaines permanentes (de l'anglais, « **perma**nent **culture** »). La permaculture cherche ainsi à concevoir des systèmes se servant efficacement des sources d'**énergie** renouvelable. Le design permaculture cherche à capter toute forme d'énergie possible, y compris l'**énergie potentielle**, tout comme le fait la nature. La permaculture se sert des patterns de la nature, cherche à les imiter et en récolte les bénéfices.

La production durable de la nourriture n'est pas une nouveauté. Bien des cultures ont des pratiques durables et une compréhension du mode de vie à adopter. Chaque personne qui vit aujourd'hui a eu des ancêtres qui ont su vivre suffisamment en harmonie avec la nature pour y survivre. Ces ancêtres n'avaient accès ni à la recherche scientifique, ni à la technologie moderne, ni à la grande diversité végétale et animale dont nous bénéficions aujourd'hui. Fins observateurs, ils savaient apprendre des patterns de la nature et limiter leur consommation des ressources pour assurer leur renouvelabilité. Grâce à notre compréhension actuelle des concepts passés et présents du design permaculture, nous pouvons créer des systèmes résilients et durables qui pourvoient agréablement aux besoins de tous, localement, tout en restant bénéfiques pour la nature.

> **Ethique** : pensées et actions qui ne nuisent ni aux gens ni à l'environnement.
> **Durable** : qui peut durer perpétuellement.
> **Énergies** : forces qui peuvent êtres utilisés pour alimenter un processus.
> **Énergie potentielle** : ressources ou éléments qui peuvent potentiellement être utilisés pour créer de l'énergie (p. ex. l'eau, la gravité, le bois à brûler, etc.).
> **Élément** : partie d'un ensemble (p. ex. un arbre est un élément dans une forêt, qui est un système).
> **Diversité** : la quantité de variété.
> **Résilient** : qui est capable de résister ou de se remettre rapidement d'un stress ou de dégâts.

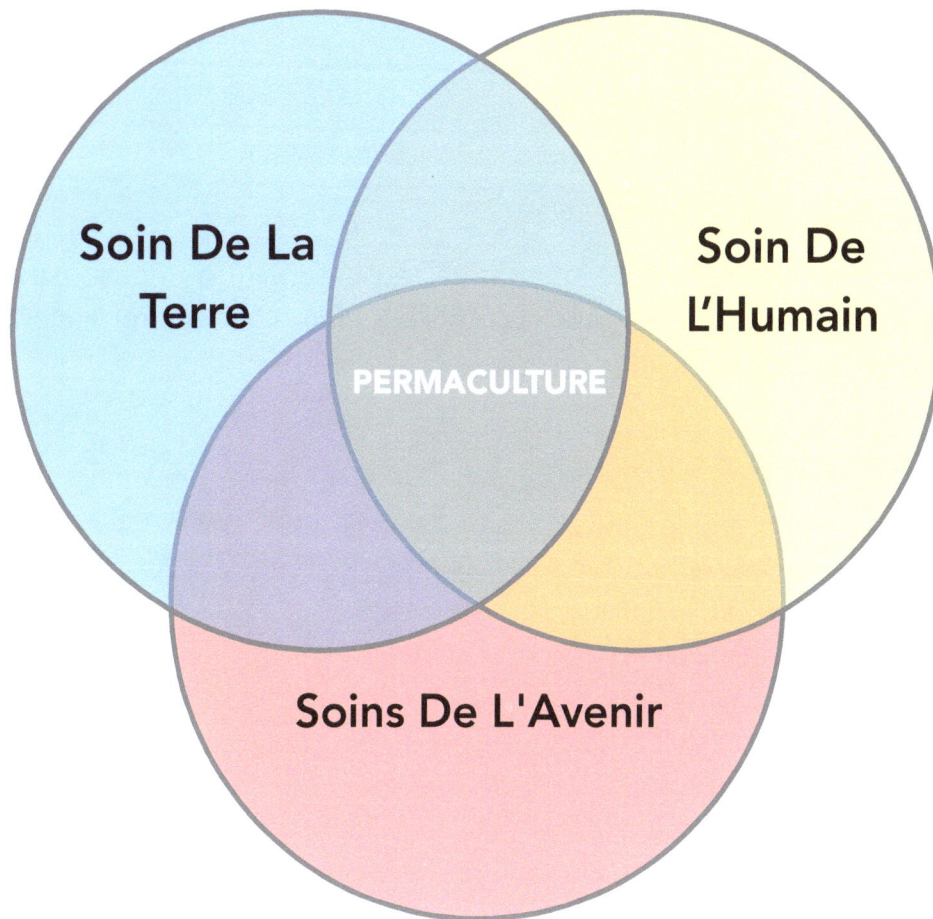

Éthique de Design

Soin de la Terre
Prendre soin de toutes choses vivantes et inanimées sur terre

•

Soin de L'Humain
Prendre soin de toute l'humanité grâce au développement de l'autonomie individuelle et à une prise de conscience de nos responsabilités envers nos communautés

•

Soin de L'Avenir
investissement, planification et gestion à long terme, garantir le soin des deux premières éthiques à l'avenir

•

Tous les designs doivent chercher à trouver un équilibre à l'intersection des trois éthiques. Les designs suivant cette règle seront toujours bénéfiques à la terre et à toutes les formes de vie qui y résident.

La Directive Première

« La seule décision éthique est de prendre la responsabilité de notre existence et de celle de nos enfants. PRENEZ-LA MAINTENANT. » - Bill Mollison, Permaculture : A Designer's Manual

Le Problème est la Solution

La permaculture voit dans les problèmes des opportunités d'amélioration. Par exemple, un bon design verra les déchets comme une ressource potentiellement de grande valeur. La valeur potentielle d'une ressource dépendra de l'échelle du problème. Avec cette perspective, un surplus de vent pourra produire de l'électricité avec une turbine ; un surplus d'eau devenir étang ou produire de l'hydroélectricité; un surplus de soleil fournir de l'électricité grâce à un panneau solaire. Ce n'est que notre imagination qui nous limite.

La permaculture dans le paysage et dans la société
1. Préserver et protéger les milieux naturels encore intacts
2. **Restaurer** les terrains dégradés
3. Créer nos propres environnements de vie complexes (Mollison, Permaculture: A Designer's Manual, 1988).

Restaurer : ramener quelque chose à un état antérieur

Travailler avec la nature

Comprendre le fonctionnement de la nature est le premier pas vers une méthode de travail en accord avec ses principes, pouvant nous permettre à la fois de réaliser nos objectifs et d'en faire bénéficier la terre, tout en minimisant notre demande en énergie. Quand nous laissons les insectes, les champignons et les « mauvaises herbes » bénéfiques de nous aider, nous ne disons pas seulement « non » aux pesticides, aux herbicides et aux fongicides; nous nous disposons à travailler avec la nature et ses systèmes. Tous ces éléments sont essentiels à un écosystème prospère et nécessaires à un sol riche, une nourriture saine et des gens en santé.

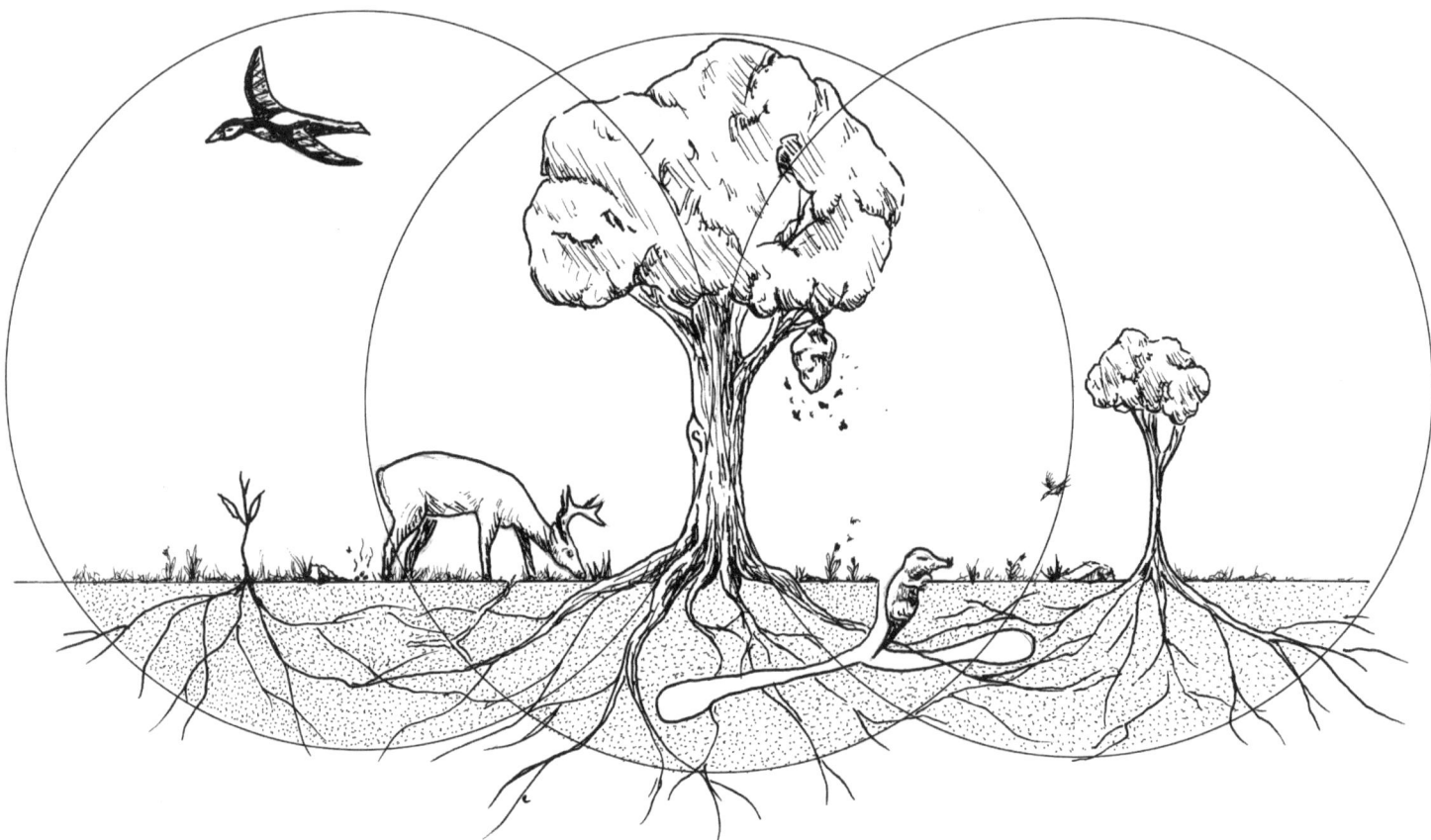

Tout Organisme Fait du Jardinage

Dans un écosystème équilibré, les interactions des intrants et extrants de chaque éléments bénéficient leur environnement. La taupe et les vers de terre **aèrent** le sol. Les oiseaux et les animaux brouteurs permettent à la forêt de s'étendre ses frontières en transportant les graines et en fertilisent les plantes qui les nourrissent. Ce que certains appellent « mauvaises herbes », comme les vesces (*Vicia spp.*) et les trèfles (*Trifolium spp.*), régénèrent le sol, tout comme la plupart des **légumineuses**. Les mauvaises herbes sont des indicateurs de ce qui manque aux organismes du sol puisque chaque sorte de mauvaise herbe apporte des nutriments ou des minéraux dont l'écosystème a besoin. Les paysages **dégradés** cherchent toujours à se régénérer. Toutes les formes de vie cherchent à exprimer encore plus pleinement la vie. En se servant des jardiniers de la nature, nous pouvons effectuer des changements rapides, puissants et positifs dans l'environnement.

Aérer : ajouter de l'air à quelque chose

Légumineuses : plantes de la famille des haricots et des pois dont la plupart fixent l'azote dans le sol.

Dégradé : faire reculer la progression d'un écosystème vers un état plus stable et abondant, diminué en qualité et en fonctionnement

Faire le Plus Petit Changement Pour le Plus Grand Effet

Tout comme les écosystèmes, les meilleurs designs sont aussi une question d'équilibre entre les intrants et les extrants. Un bon design utilise le moins d'énergie possible pour en retirer le plus de bénéfice possible. Par exemple, pour empêcher une **poche de gelée**, le fait d'enlever les branches inférieures d'un arbre au lieu de l'arbre au complet empêche l'air froid de dépasser l'arbre au lieu de s'accumuler en amont. En Australie, les habitants peuvent voir jusqu'à 40 % de réduction de leurs coûts de chauffage et de climatisation simplement en isolant leur plafond.

Poche de gelée : un endroit où de l'air froid et immobile s'accumule, souvent dans un creux ombragé.

Un simple tronc d'arbre peut très bien servir à rediriger un cours d'eau vers un potager.

Conventionnel? Biologique? Perma-aliments?

La signification du mot « biologique » (c.-à-d. « bio ») peut porter à confusion. Bien des gens pensent qu'il veut dire « sans produits chimiques pulvérisés et sans Organismes Génétiquement Modifié (OGM) ». Bien que ces deux idées soient à la racine des règlements biologiques, la situation est plus complexe; il y a des règles différentes pour chaque sorte d'agriculture. Aux États-Unis, le terme « biologique » est une certification du Food and Drug Administration (FDA) qui gouverne la manière dont la nourriture peut être produit sur une ferme certifiée. Reste que cette certification n'est pas pour autant un indicateur permettant de savoir si un aliment est sain ou non. Notez également que n'importe qui peut faire de la culture biologique, sans agents chimiques synthétiques, et tout cela sans avoir une certification biologique. Nous ne sommes pas obligé à avoir une certification pour jardiner ainsi.

Certains secteurs de l'agriculture commerciale n'ont pas de standards biologiques pour les guider. Dans les systèmes permacultures, maximisation de la valeur nutritionnelle des aliments est encouragée. Les « perma-aliments », ou aliments issus d'un système permaculture, deviennent de plus en plus nourrissant année après année à mesure que les sols s'améliorent. La nourriture industrielle se sert de produits chimiques synthétiques et de procédés dénaturés et contraires à l'éthique. Quant à eux, les systèmes permacultures imitent la nature et savent prouver leur supériorité nutritionnelle. On peut extraire du jus ou liquéfier un aliment afin d'en évaluer le niveau d'amidon ou de sucre avec un réfractomètre. Le niveau d'amidon d'une plante indique l'efficacité de son processus photosynthétique, et de l'échange de nutriments avec la rhizosphère,

Produits chimiques vaporisés : engrais synthétiques, fongicides, herbicides et pesticides.

Organismes Génétiquement Modifiés (OGM) : un organisme dont les gènes ont été modifiées par un virus mutagène ou un autre pathogène venant introduire l'ADN d'un autre organisme, généralement d'une espèce différente, dans le génome de l'organisme qui subit les modifications.

Food and Drug Administration (FDA) : une branche du gouvernement fédéral des É.-U. qui crée des règlements par rapport aux aliments.

Certification : attestation émise par un organisme de contrôle affirmant la possession de certaines qualités ou caractéristiques.

Standards : règles ou code de conduite

Réfractomètre : un dispositif permettant de mesurer le contenue d'amidon/sucre dans un liquide par la réfraction de lumière. Communément utilisé par les producteurs de miel, de vin ou de jus.

Rhizosphère: la région du sol ou croissent les racines des plantes

ainsi que la densité de son profil nutritionnel en générale.

En plus de leur valeur nutritionnelle, les aliments produits selon les principes de la permaculture ont des saveurs très recherchées par les chefs cuisiniers et appréciées des familles qui font du jardinage.

Les Grands Enjeux Mondiaux

La rareté de l'eau : Tandis que les sécheresses menacent de plus en plus la production de nourriture partout dans le monde, les gouvernements, les corporations et les individus retirent l'eau des aquifères à un taux alarmant. Si ce rythme se maintient, ces aquifères ne seront réalimentés ni pendant notre vie, ni dans celle de nos enfants. Les besoins en eau des industries ont vu une hausse exponentielle alors que la raréfaction met encore plus de pression sur les sources d'eau naturelle, propre et fraîche, faisant ainsi passer les besoins des industries avant ceux de la nature et des générations futures. Les sources d'eau fraîche, pure et potable sont rares. Nous devons voir l'eau potable comme la ressource la plus précieuse au monde.

Dégradation des sols : Le sol est la source de toute vie dans les environnements qu'occupent les humains et la plupart des formes de vie. Même les régions fertiles des océans ont leurs propres types de sol. Les couches arables des sols se perdent à l'érosion de plus en plus rapidement chaque année partout dans le monde; la moitié de nos couches arables du sol ont a été perdu dans les dernières 150 années. Les pratiques agricoles conventionnelles, le manque de compréhension de la science du sol, la demande du marché globalisé et les changements climatiques sont tous des facteurs qui ont contribué à la dégradation des sols, mais résoudre le problème est plus important que de s'attarder sur ses causes. Les techniques de la permaculture créent du sol en imitant les processus de la nature.

Déforestation : À mesure que les forêts disparaissent, les couches arables du sol se perdent dans l'eau et le vent. Ainsi, les habitats naturels se perdent, ce qui mène à l'extinction d'espèces individuelles, voire d'écosystèmes entiers. Les forêts ont toujours fourni l'eau, l'air, la nourriture et les animaux purs qui sont nécessaires pour soutenir les populations humaines. Sans les forêts qui offrent ces services **passivement**, la civilisation humaine se voit obligée d'utiliser des moyens de plus en plus chers pour accomplir ces services elle-même. Si tout ce dont nous avons besoin était produit localement et durablement, nous n'aurions pas à couper plus de forêts. Le design permaculture nous aide à créer des forêts pouvant durer des siècles, voire des millénaires, en observant et en obéissant au patterns et aux systèmes de la nature.

Pollution : La pollution est un problème croissant très grave, mais face auquel existe tout de même des solutions. La presque totalité de la pollution issue de la combustion des combustibles fossiles pourrait être rendue **inerte** par le compostage. Même les déchets radioactifs sont comestibles pour certains champignons. La pollution provenant de l'homme est un problème majeur, qu'elle soit sonore ou atmosphérique, qu'elle affecte le sol ou l'eau. Toutefois, puisque la pollution est un problème de mauvais design, un cas de mauvaise gestion des ressources, les polluants **en surplus** peuvent être réintégrer dans des systèmes naturels. Pourtant, afin de pouvoir utiliser une substance dans notre système nous devons éviter de créer et de disperser des substances qui ne peuvent être incorporées dans les cycles naturels (p. ex. le DDT). Nous devons refuser d'utiliser ou même boycotter les substances chimiques comme l'agent orange ou le **DDT**. Dans un système permaculture, tous les déchets doivent être recyclables, et chaque site doit être responsable de la gestion de ses propres déchets.

Passivement : travaillant sans stimulation active
Inerte : non-réactif, inoffensif
En Surplus : plus que ce qu'un système peut utiliser
DDT : Dichlorodiphényltrichloroéthane; un pesticide

Chapitre II
La Nature

Les Comportements de la Nature

La diversité

La diversité est la variété dans un système tout comme la biodiversité est la variété des formes de vie dans un écosystème. Plus il y a d'interaction entre les éléments d'un *système*, plus celui-ci est résilient et stable. Plus il y a d'interaction entre les éléments d'un *écosystème*, plus celui-ci est stable. Les systèmes stables sont prévisibles et **accumulent** des ressources qui en augmentent la **fertilité**. Une plus grande fertilité mène à des écosystèmes de plus en plus riches et diverses jusqu'à l'atteinte de leur stade climacique.

« Les écosystèmes sont des systèmes complexes; ils sont finement intégrés, liés et interdépendants de manières que nous ne comprenons guère. Ils ont une structure et ils fonctionnent pour maintenir la santé de la vie dans toutes ses formes, par exemple, l'eau propre, la génération des sols, le maintien de la fertilité des animaux et des plantes, le maintien de la qualité de l'air et la stabilité du climat. »
- Rosemary Morrow

Les systèmes de vie sont fondés sur la diversité, et ils se perpétuent par la diversité.

> **Accumuler :** amasser peu à peu une quantité de quelque chose.
> **Fertilité :** le potentiel pour la vie

Quand une légumineuse commence à pousser dans un endroit avec peu de fertilité et de diversité, elle initie une réaction en chaîne. Ses feuilles mortes couvrent le sol et le nourrissent en se décomposant. Ses graines commencent à engendrer d'autres arbres qui fournissent de l'ombre. Presque toutes les légumineuses fixent de l'azote atmosphérique dans le sol grâce à leurs nodosités racinaires qui interagissent avec les bactéries du sol. Chaque partie de la plante retourne de l'azote dans le sol, ce qui augmente sa fertilité. Les feuilles mortes créent un sol fertile et les arbres créent de l'ombre, ce qui permet à l'eau d'être retenue, aux animaux et aux décomposeurs du sol d'être nourris, à la fertilité du sol d'augmenter, et à la vie de se diversifier.

Les Niches Écologiques

Les niches écologiques sont des rôles ou des ouvertures dans la diversité d'un écosystème. N'importe quel organisme peut accomplir au moins un rôle fonctionnel dans un écosystème. Le design permaculture cherche à combler intentionnellement les niches avec des formes de vie utiles. Des bris dans un treillis situé sous un porche peuvent être un problème pour le propriétaire, mais pour les abeilles, cela pourrait être l'endroit idéal pour être près du jardin.

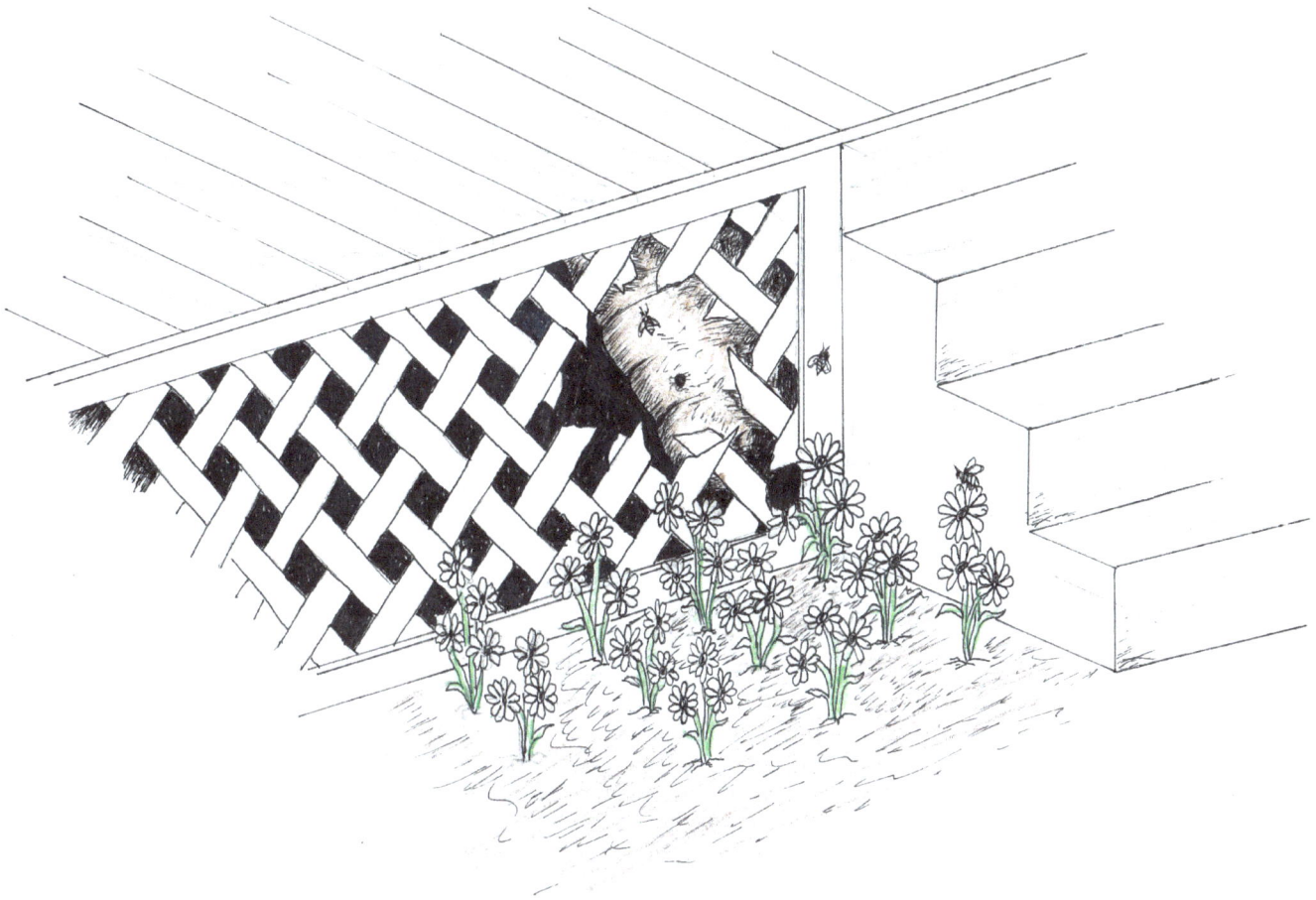

Les Cycles : Les Niches dans le Temps

Les cycles sont des patterns qui fonctionnent par phases dans le temps. Chaque phase mène à la suivante. Il n'y a ni point de départ, ni point d'arrivée; le processus est continuel. La taille des cycles n'est pas un facteur déterminante, puisqu'ils peuvent se produire tant à l'échelle microscopique d'une cellule qu'à l'échelle de l'atmosphère globale. Notre tâche en tant que designer est de reconnaître, soutenir ou modérer les cycles naturels dans notre système et dans notre monde. Les cycles naturels évitent l'accumulation de déchets. Les surplus, y compris les déchets, d'une phase deviennent les ressources qui sont utilisé à la suivante. Par exemple, l'herbe consommée par les vaches passe à la phase suivante sous forme de fumier; le fumier se fait ensuite dispersé et gratté par les poules et les organismes du sol pour finalement retourner au sol et redevenir de l'herbe.

La neige s'accumule pendant l'hiver pour fondre au printemps et remplir les ruisseaux qui soutiennent la croissance annuelle. Ce cycle alimente le système climatique froid tempéré. Les feuillus laissent tomber leur feuilles qui deviennent une couche épaisse de **mulch** qui protège les racines et les graines du gel hivernal. Les feuilles tombées se compostent pendant l'hiver et deviennent le carburant pour la croissance du printemps suivant.

Mulch : de la matière organique qui se décompose pour créer un sol riche, p. ex. des feuilles, du compost, des branches, de l'écorce. Il est idéal de couvrir le sol arable avec du mulch pour protéger les organismes du sol.

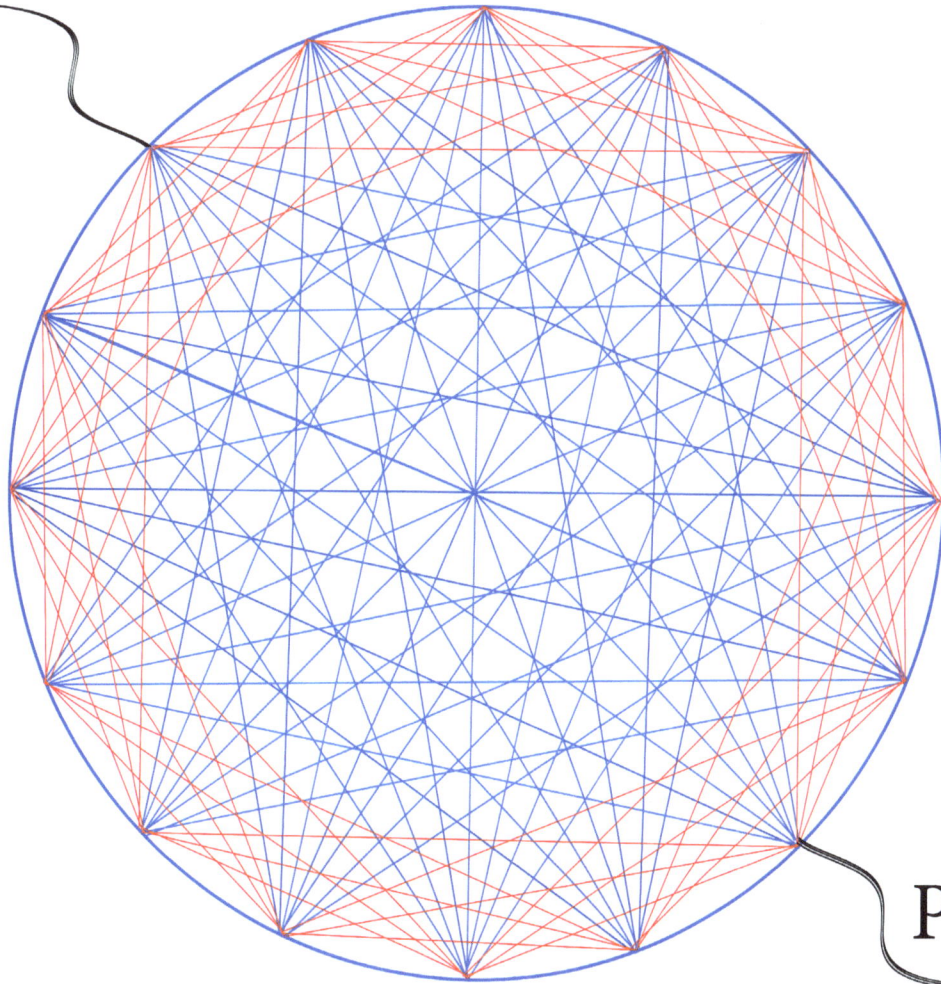

Source

Puits

Quittant le Système

La Toile de la Vie

Dans un écosystème en santé, l'énergie, l'eau et la fertilité entrent dans le système par une source et participent à autant de cycles dans l'environnement que possible, avant de quitter le système vers un puits. Ceci peut inclure les animaux, les plantes, les sols et même l'atmosphère. Tout interagit ou partage certaines interdépendances, et recycle les nutriments et l'énergie. Un système permaculture idéal capte et recycle l'énergie et la fertilité indéfiniment.

Les forêts peuvent durer des millénaires.

Le Cycle Hydrologique Global

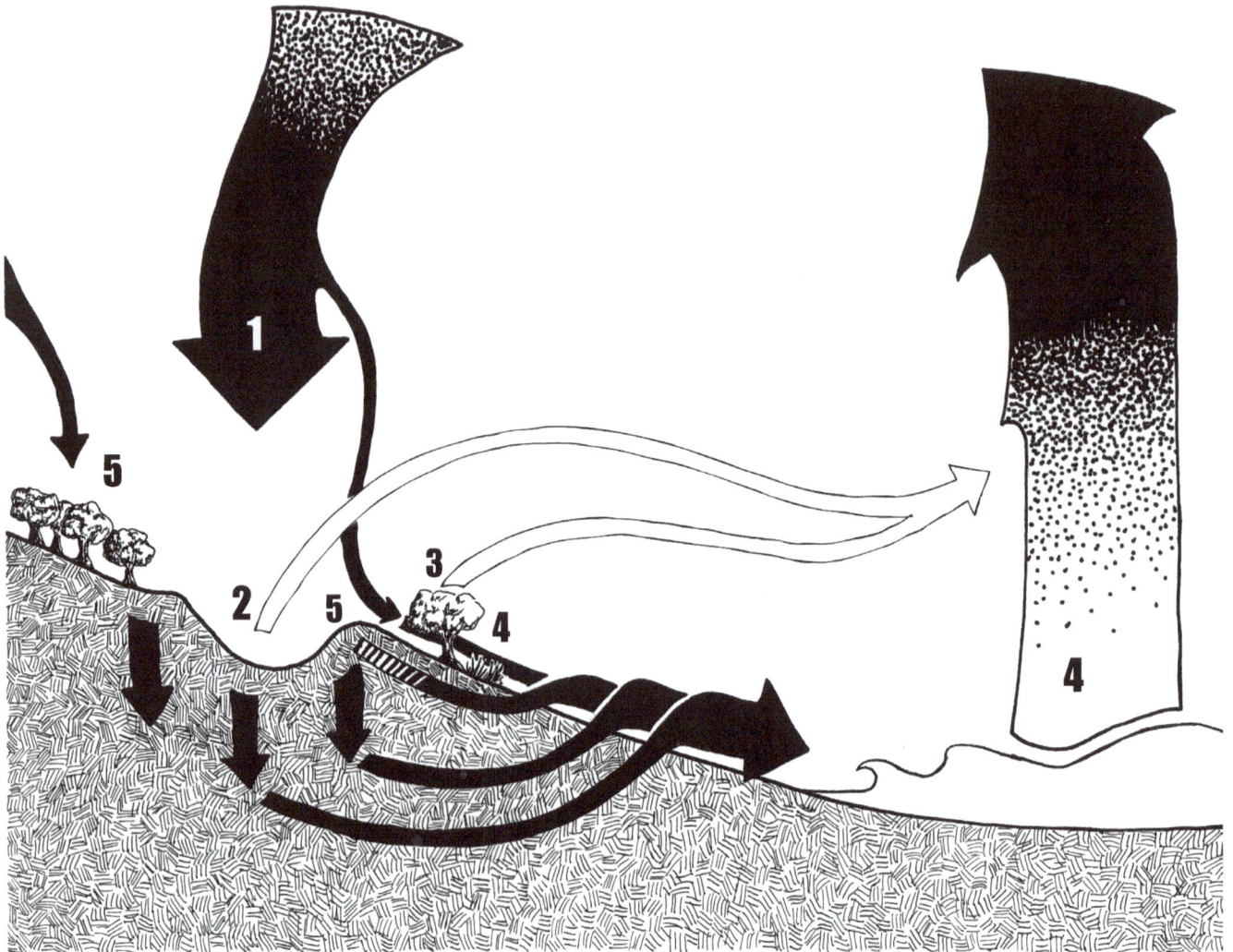

1) **Précipitation** : toute forme d'eau qui tombe sur la terre depuis l'atmosphère.

2) **Évaporation** : processus par lequel l'eau passe de l'état liquide à l'état gazeux, ainsi refroidissant les plantes, les animaux et les objets inertes en réaction à la chaleur. Il faut faire attention surtout à l'évaporation depuis le sol.

3) **Transpiration** : processus physiologique de l'eau circulant à travers une plante et s'évaporant par ses feuilles, ses tiges et ses branches.

4) **Évapotranspiration** : mouvement de l'air ou de l'eau causant une perte d'eau quand de l'eau issue de la transpiration change en état de gaz et devient des nuages.

5) **Condensation** : processus chauffant par lequel de la vapeur d'eau s'accumule sur n'importe quel surface en changeant de l'état gaz à l'état liquide. C'est un moyen par lequel on peut récolter de l'eau.

Il existe aussi des cycles à l'intérieur des cycles. Une goutte de pluie s'infiltre dans le sol pour être ensuite reprise par une plante. Une feuille de cette plante se fait manger par un animal qui plus tard urine ailleurs sur le sol, ce qui nourrit encore une autre plante, qui se fait manger par des pucerons, lesquels se font manger par des oiseaux, qui déposent de la fiente riche en nutriments sous un plant de tomate, le plant absorbe des nutriments et de l'eau par ses racines dans le sol, et ainsi de suite. Finalement, l'eau quitte le système local par l'évaporation ou en se joignant à un plus grand corps d'eau. L'eau poursuit continuellement son cours en descendant vers le niveau de la mer, mais quand l'eau arrive sur un terrain plat, elle est pacifiée et retourne dans le sol en s'infiltrant.

Les Éléments de la Nature

Le Soleil

Le soleil est la source de toute énergie sur terre. Il alimente notre planète et tous les processus naturels de manière directe ou indirecte. Le soleil alimente le moteur de notre planète du noyau à l'atmosphère. La terre orbite autour du soleil et tourne sur son axe. Le soleil influence la croissance et le comportement de tout ce qui se trouve sur terre. Il fournit même le contexte nécessaire pour les processus de vie qui ne dépendent pas de la lumière pour exister.

L'Eau | Toute Vie

Les systèmes vivants ont besoin d'eau pour survive. L'établissement d'un système permaculture exige tout d'abord une analyse de la quantité d'eau disponible sur le site, de la quantité de précipitation attendue et des moments de l'année où l'eau sera abondamment disponible.

L'Aquaculture

Les systèmes aquatiques, fourmillants de vie, fournissent une abondance de nourriture perpétuellement, plus que n'importe quel système non-aquatique.

Source d'énergie

L'eau est une source d'énergie potentielle et a fait fonctionner depuis toujours les systèmes naturels et ceux faits par l'homme. Emmagasiner de l'eau aussi haut que possible sur un terrain assure un stockage maximale d'énergie potentielle; un corps d'eau passif ne peut fournir de l'énergie pour les humains sans l'intervention de ceux-ci ou d'un processus naturel.

Notre responsabilité est de réalimenter les aquifères que nous avons vidés, de régénérer les bassins versants que nous avons dégradés ou enlevés, et de rendre purs nos rivières et nos ruisseaux en leur enlevant les toxines.

Le Vent

Le vent est un phénomène merveilleux. Bien qu'à nos yeux le vent soit presque toujours invisible, il transporte des limons, des graines, des nutriments, des insectes et des oiseaux sur de grandes distances. Il empêche aussi les maladies fongiques, il refroidit, il cause l'épaississement des troncs d'arbres et il peut même tailler les arbres. Le vent peut se faire transformer en électricité, être redirigé par une ceinture de protection pour passer par-dessus un site, être ralenti par un brise-vent, ou être canalisé par un couloir de vent. Le vent peut être destructeur si un site souffre d'un mauvais design.

Le Sol

Le sol est le plus grand, le plus diverse et le plus complexe système de vie que la communauté scientifique étudie. Le système du sol est moins bien connu que l'espace. Ce n'est que récemment que la science a pu aborder adéquatement la science du sol. Un sol en bonne santé produit des plantes en bonne santé. Des plantes en santé fournissent de l'eau pur, de l'air pur, et une abondance de nourriture. Le carbone organique est à la base de toute forme de vie dans nos écosystèmes, mais les plantes et les animaux ont aussi besoin d'un bon équilibre des nutriments disponibles dans le sol.

La présence d'une grande diversité de matière organique dans le sol fournit tous les nutriments nécessaires.

Éléments Majeurs : l'azote (N), le phosphore (P), le potassium (K)
Éléments Mineurs : le calcium (Ca), le magnesium (Mg), le soufre (S)
Micronutriments : le bore (B), le cuivre (Cu), le fer (Fe), le chlore (Cl)
le manganèse (Mn), le molybdène (Mo), le zinc (Zn)

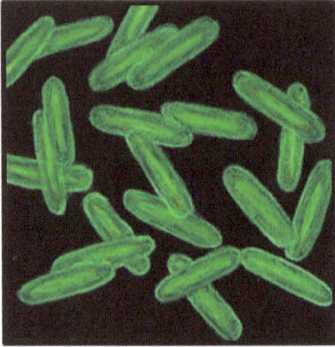

Bactéries

Champignons

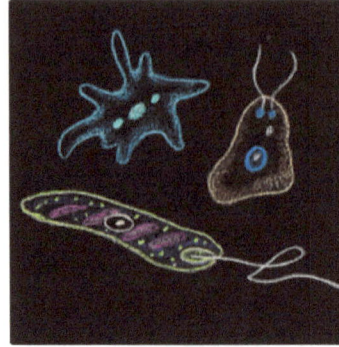

Protozoaires

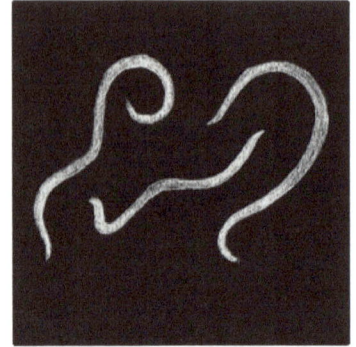

Nématodes

Les sols hébergent des millions d'organismes tels les bactéries, les champignons, les nématodes et les protozoaires, dont beaucoup d'espèces qui n'ont jamais été identifiées. Il y a aussi de l'air et de l'eau dans le sol dont la plupart des organismes dépendent pour survivre. Ces petits organismes sont visibles avec un microscope et peuvent être ainsi étudiés. Leurs activités retiennent de l'eau et fournissent des nutriments aux plantes et les uns aux autres. Toutes les plantes ont des préférences quant à la proportion des champignons aux bactéries (ratio C:B) dans le sol. Les annuelles, es légumineuses et les graminées préfèrent un sol dominé par des bactéries. Les vivaces, les arbres et les arbustes préfèrent un sol dominé par des champignons. Toutes les forêts primaires poussent dans des sols dominés par les champignons.

Ce n'est qu'en retournant de la matière organique aux sols que l'on maintiendra la fertilité de ceux-ci. Les biocides, les herbicides et les pesticides tuent les organismes du sol qui crée les aliments nourrissants. Les engrais composés que des éléments majeurs ne contiennent aucun carbone organique vitale, aucuns éléments mineurs et aucuns micronutriments. La génération de sol à la manière de la nature fournit tout ce qui est nécessaire pour avoir une abondance d'aliments nourrissants. Dans la nature, le sol se crée par un ensemble de processus : la météorisation, la dégradation chimique et la décomposition. L'action physique d'un glacier sur la roche-mère, l'eau sur la pierre, ou le vent dans un canyon sont tous des exemples de météorisation. Les champignons décomposent la pierre et les composés chimiques complexes de la matière organique; les bactéries décomposent les composés organiques simples, tels les sucres simples. Les champignons rendent le sol plus acide; les bactéries le rendent plus alcalin. Les quatre composants principaux du sol sont : l'argile, le sable, les limons et la matière organique vivante et morte. Le sol est un ensemble biologique de champignons, de minéraux et de bactéries.

Biocides : des substances qui tuent des organismes vivants, généralement fait de substances chimiques Synthétiques qui peuvent subsister dans l'environnement pendant des années.
Herbicides : un biocide employé contre des plantes non-désirées.
Pesticides : un biocide employé contre les insectes et d'autres petits animaux pour protéger des plantes affaiblies.
Météorisation : les forces naturelles et physiques qui désintègrent la pierre et d'autres éléments qui deviennent du sol.

Le Réseau Alimentaire du Sol

Le réseau alimentaire du sol est une carte des interrelations et des cycles dans l'écosystème du sol. On atteint un équilibre dans le réseau alimentaire du sol quand il y a une diversité de champignons et de bactéries et quand la matière biologique est abondamment disponible pour tous les autres organismes. Ces éléments sont vitaux à la prospérité des organismes à tous les niveaux. Quand tous les niveaux du réseau alimentaire du sol sont actifs, ils minéralisent les sources de nutriments insolubles pour que les plantes puissent les utiliser, ils créent la structure du sol et ils retiennent l'eau et les nutriments. Les organismes du sol sont essentielles à la fertilité du sol.

« Sans la vie, ce n'est pas du sol » -Elaine Ingham

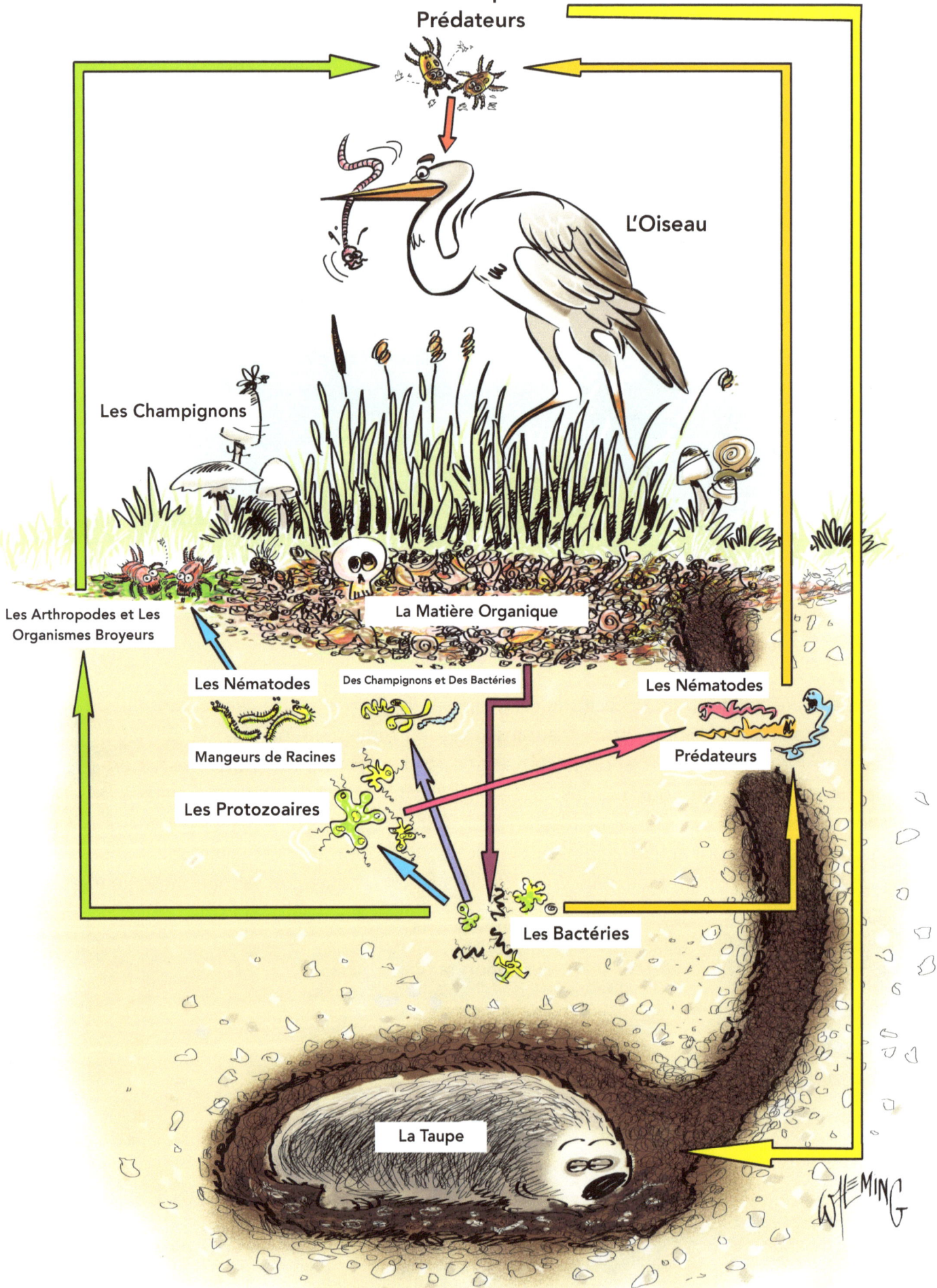

Les Arthropodes
Prédateurs

L'Oiseau

Les Champignons

Les Arthropodes et Les
Organismes Broyeurs

La Matière Organique

Les Nématodes

Des Champignons et Des Bactéries

Les Nématodes

Mangeurs de Racines

Prédateurs

Les Protozoaires

Les Bactéries

La Taupe

Les Champignons

Les champignons sont un composant essentiel dans bien des cycles, des sols et dans l'écosystème du sol. Ils décomposent la matière organique et les minéraux dans des conditions d'aérobiose, répandent des maladies dans des conditions pauvres en oxygène, et forment un réseau de communication et d'échange de nutriments dans le sol qui peut s'étendre sur des kilomètres. Les champignons décomposent les fibres de lignine dans le bois et, à leur tour, les arbres préfèrent pousser dans un sol dominé par les champignons. Les **hyphes** des champignons mycorhiziens et les racines des plantes forment un partenariat pour échanger les nutriments (fournis par les microorganismes dans le sol) contre des **exsudats** (fournis par les plantes). Les champignons et les bactéries consomment ces exsudats. Les **nématodes and protozoaires** se nourrissent de bactéries et de champignons et ils produisent des excréments riches en nutriments facilement assimilables par les plantes. En produisant leurs exsudats, les plantes attirent les champignons et bactéries qui attirent à leur tour les nématodes et protozoaires qui nourriront les plantes avec leurs excréments. Les plantes produisent les exsudats spécifiques qui attirent les **nématodes** et **protozoaires** spécifiques dont les plantes ont besoin pour produire les nutriments spécifiques qu'il leur faut pour prospérer. Sans un réseau en hyphes de champignon protecteur autour de la plante, elles seraient menacées par les nématodes mangeurs de racines et les organismes prédateurs du sol. En plus, les plantes seraient incapables d'offrir leur exsudats pour attirer les champignons et bactéries bénéfiques.

Les sols dominés par les champignons sont essentiels pour une croissance à long terme et durable qui mène au climax de la forêt; toutes les forêts primaires poussent dans des sols dominés par les champignons.

Hyphe : un élément du champignon : les branches longues et filamenteuses
Exsudats : des substances composées principalement de glucides (de l'amidon et des sucres) et des protéines.
Nématode : un animal microscopique multicellulaire qui ressemble à un vers et qui se nourrit de champignons et de bactéries.
Protozoaire : un organisme microscopique unicellulaire qui se nourrit de champignons et de bactéries.

« Les champignons sont les organismes interfaciaux entre la vie et la mort . » - Paul Stamets

Les champignons sont les fruit des fungi. Beaucoup de champignons sont vénéneux, mais il en existe aussi beaucoup qui sont délicieux et nutritifs. Il est parfois difficile de savoir quels champignons sont comestibles; nombre d'entre eux se ressemblent. Manger des champignons peut être extrêmement dangereux, même si les champignons trouvés ressemblent à ceux du marché. Il est alors vital d'apprendre avec un chasseur de champignons expérimenté. Les fungi décomposent les arbres. Quand ceci se produit, et que le bois est pourri, on l'appelle « spongieux ». Les forêts nouvelles poussent sur les forêts tombées. Sans les fungi, il n'y aurait pas de forêt. Les fungi se composent d'un **mycélium** [un réseau de hyphes] qui fonctionne comme un réseau de communication dans le sol des forêts. Ces réseaux peuvent s'étendre sur des kilomètres. Les hyphes sont les conduits d'échange pour les nutriments et amidons des plantes. Les arbres infestés par des insectes nuisibles communiqueront via le réseau des hyphes du fungi, ce qui permettra aux arbres situés à des kilomètres de l'arbre malade de commencer à développer une **résistance** à ces mêmes insectes.

Mycélium : le corps d'un fungi
Résistance : la capacité à résister à une influence externe.

Les Arbres

Les humains ont toujours compté sur les arbres. Ils fournissent de la nourriture, de l'air et de l'eau pures, de l'ombre, des matériaux de construction, du mulch, des **habitats**, de l'information sur le passé, des brise-vents, de la fibre, des médicaments et plus encore. Sans les arbres, nous n'aurions pas la diversité de plantes, d'animaux, de matériaux et de ressources essentielle à la survie du genre humain. Nous avons une relation **symbiotique** avec les arbres. L'arbre interagis à chaque niveau de l'écosystème.

Habitat : environnement où peux vivre un organisme
Symbiotique : interdépendant

Les Arbres et Le Vent

Les arbres refroidissent les vents chauds, chauffent les vents froids et ralentissent les vents. Ce relantissement provoque la déposition de nutriments et de particules qu'emportait le vent. Quand le vent souffle au-dessus les arbres, il s'élève en spirale et forme un endroit abrité immédiatement derrière.

Les Arbres et L'Eau

Par la transpiration, les arbres retournent de l'eau à l'atmosphère. Par la condensation, les arbres prennent de l'eau de l'atmosphère. Les racines des arbres absorbent également de l'eau. Les forêts aux sommets des montagnes retiennent de l'humidité dans l'air et dans le sol. Leurs interactions avec l'atmosphère produisent des précipitations. Si les forêts aux sommets des montagnes se font couper, on y verra une perte de précipitations, de couverture nuageuse et d'habitat. La déforestation provoque la désertification.

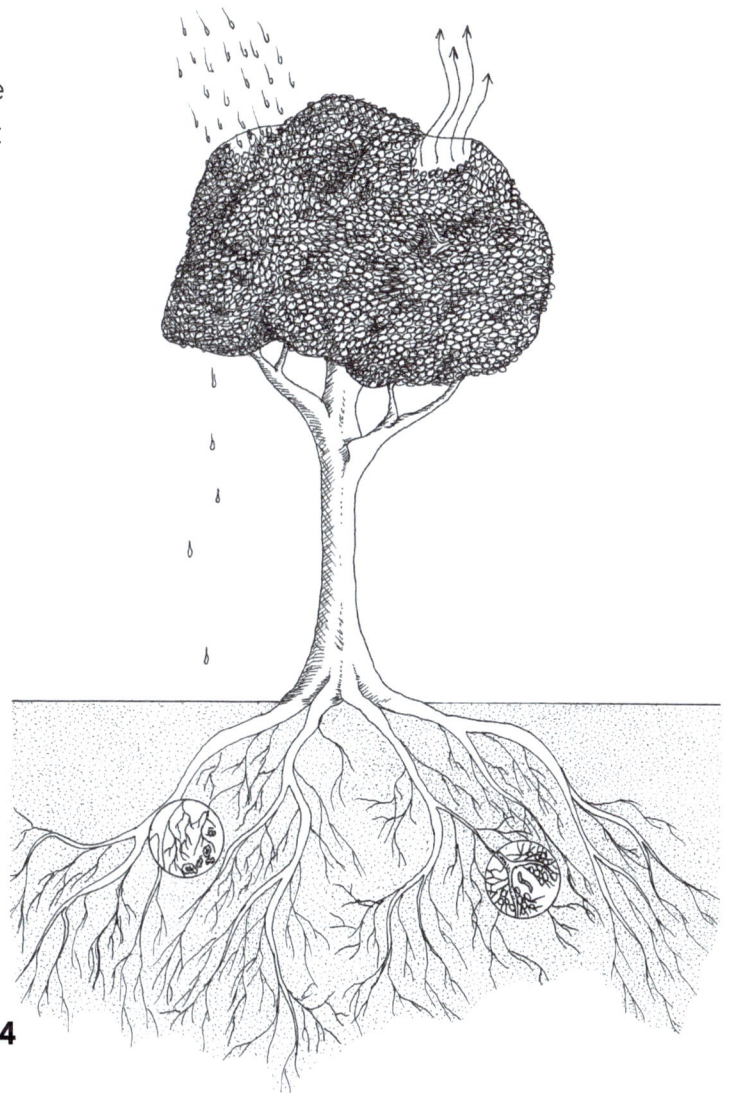

Les Étages Forestiers

Les différents étages d'une forêt doivent tous être comblés, sinon la nature remplira n'importe quel niche écologique vide pour nous, souvent avec ce que l'on considère une « mauvaise herbe ». Les étages forestiers sont : (1) le climax, ou la canopée de grands arbres, (2) l'arborée basse, ou arbres sous l'ombre des arbres climax, (3) les arbustes et buissons, (4) les plantes herbacées, (5) les plantes herbacées basses (surtout dans les climats tempérés froids), (6) le couvre-sol composé de plantes rampantes, (7) des plantes grimpantes, (8) les plantes cespiteuses, ou des plantes qui poussent par division comme le bambou, et (9) les racines, ou rhizosphère sous la surface du sol. Dans les tropiques, on peut aussi inclure jusqu'à deux étages de palmiers. Si vous comprenez comment pousse une forêt, vous pouvez faire la conception de votre propre forêt.

Les Mauvaises Herbes

Les mauvaises herbes sont des mécanismes de restauration. Elles apparaissent pour réparer le terrain. Elles combleront aussi n'importe quel vide dans un étage forestier. Les plantes aux racines pivotantes profondes apparaissent dans les sols compactés. Les plantes aux racines en forme de résille apparaissent dans les sols meubles. Les plantes succédant les feux retournent du phosphore dans la couche arable du sol. Au lieu d'arracher les mauvaises herbes comme le font la plupart d'entre nous, il vaut mieux les couper et les déposer sur place; ainsi, les nutriments qu'elles ont accumulées pour le sol peuvent être ajoutés à la couche arable du sol en tant que mulch. La décomposition d'une plante de soutien générera du nouveau sol et réparera ainsi un sol qui manque de nutriments grâce à une nouvelle couche de mulch. Cette pratique accélère les cycles naturels qui génèrent du sol.

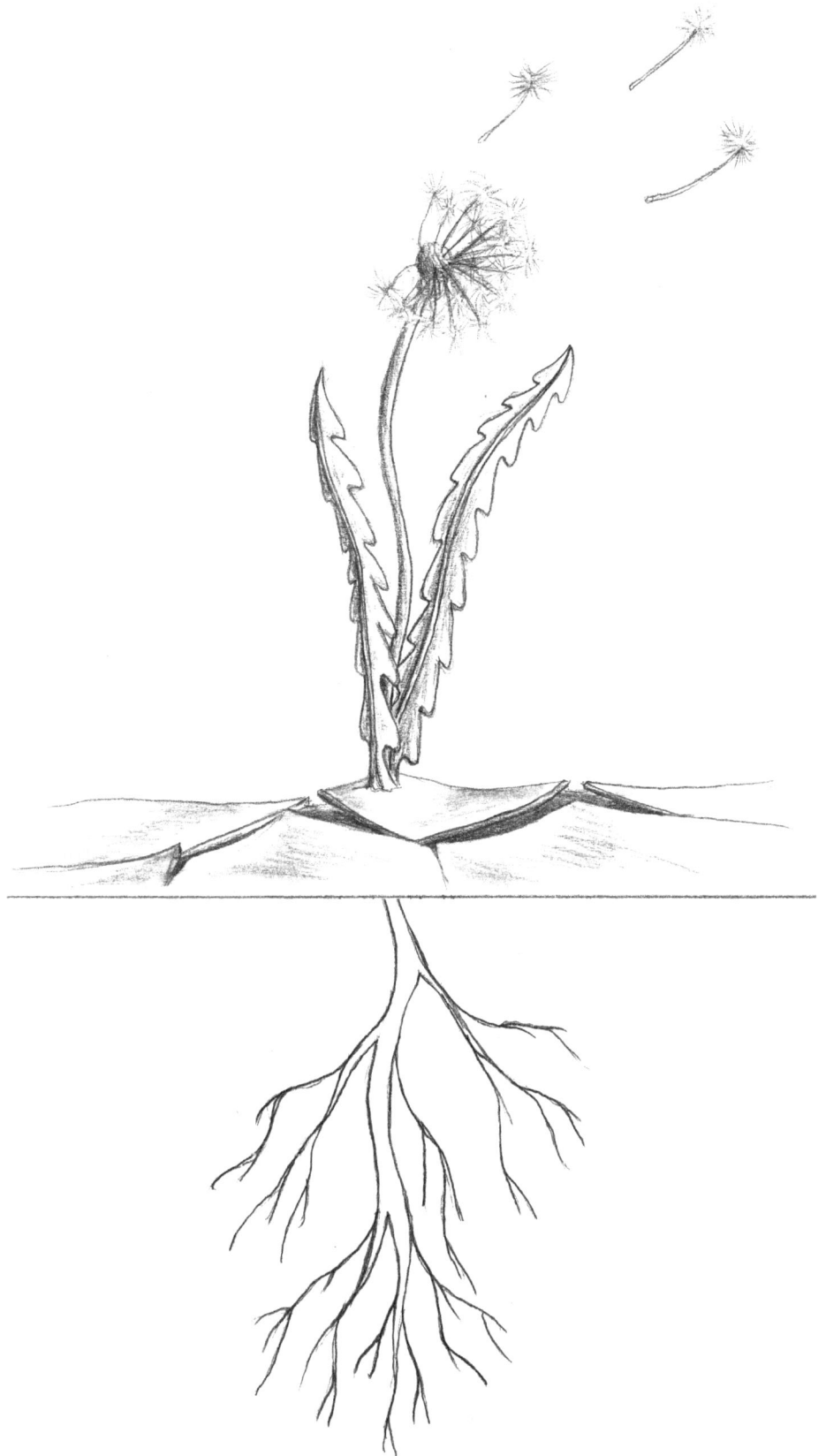

Le Climat

Les Zones Climatiques Générales

Bien que chaque écosystème sur terre soient unique, ils partagent tous certaines similarités nous permettant de les catégoriser et de les étudier plus facilement en tant que zones climatiques générales.

Zone tempérée : zone qui s'étend du bord de la zone polaire jusqu'à la région méditerranéenne, du chaud au frais au froid.

Les tropiques : zone équatoriale très chaude et humide entre le tropique du Cancer et le tropique du Capricorne.

Les terres arides : zones d'évaporation élevée qui se trouvent partout

Zones polaires : zone qui s'étend des pôles, toundra extrêmement froide et aride sans arbres avec un été frais

Profils de Paysages Majeurs

Humide : beaucoup d'humidité, aux collines et aux montagnes arrondies.
Aride : peu d'humidité, des paysages angulaires, des vents forts, taux d'évaporation élevé, un sol et un air riches en nutriments et minéraux

Profils de Paysages Mineurs

Volcanique : un sol alcalin, pentes escarpées, plaine annulaire fertile
Îles volcaniques : moitié humide, moitié aride dû à l'effet de l'ombre pluviométrique
Îles coralliennes : possèdent une lentille d'eau douce sous sa surface, des vents forts
Milieux humides : une nappe phréatique très près de la surface, difficile pour la production des légumes
Plaines : des vents forts, arrosage par la gravité difficile et peu pratique
Estuaires : des flux de marées, aquaculture marine, abondance de nutriments
Côtières : un sol alcalin, vents salins, égouttage du sol rapide, manque de nutriments

Microclimats

Les microclimats se forment lorsqu'un endroit reçoit plus ou moins d'énergie que les environs. Plus de soleil peut produire des conditions relativement plus arides et plus chaudes qui continuent plus longtemps après le début de la saison froide. Plus d'eau que les alentours peut augmenter la fertilité pendant la saison sèche. Les brise-vents peuvent abriter les plantes sensibles aux gelées. Les microclimats augmentent la diversité et les possibilités d'un endroit. On peut créer des microclimats avec presque n'importe quoi et les trouver presque n'importe où.

Les microclimats dans les climats froids sont souvent conçus pour capter de la chaleur et pour protéger les plantes sensibles. Dans l'exemple ci-dessus, on se sert d'un étang pour refléter le soleil, d'un rocher à moitié enterré pour fournir de la masse thermique derrière l'arbre, d'un brise-vent d'arbres et d'autres plantes pour bloquer les vents frais et finalement, d'une plate-bande de plantes indigènes rustiques installée au-dessous de notre arbre fruitier de grande valeur.

Chapitre III

Le Design Permaculture

L'Observation

L'observation est possiblement l'outil le plus puissant pour découvrir et utiliser le pouvoir des systèmes naturels. Bien que nos capacités d'observation peuvent être limitées, nous pouvons les améliorer en nous servant de techniques et d'outils. Avec le temps et l'expérience, « lire » le paysage devient plus facile.

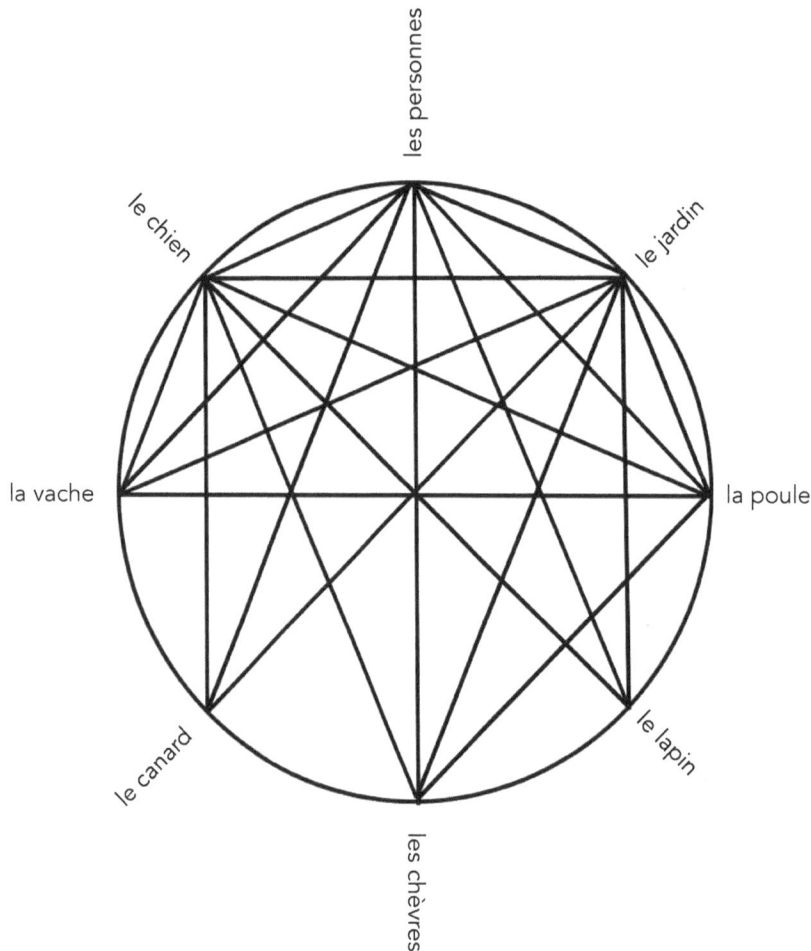

Chaque Élément a Plusieurs Fonctions et Plusieurs Éléments qui le Soutiennent

Dans la nature, chaque animal, plante, microorganisme et processus possède plusieurs fonctions et plusieurs éléments qui le soutiennent. Plus qu'il y a de liens (intrants et extrants) entre les éléments d'un système, plus le système est durable. Par exemple, les poules peuvent se nourrir d'une diversité d'aliments, ce qui les permet de survivre dans une grande variété de climats et de conditions. Les poules fournissent des œufs, de la viande, des plumes, des os, un service de lutte contre les insectes nuisibles, du fumier, un service de grattage agissant comme un labourage léger du sol, des poussins et plus encore. Nous ne sommes limités que par notre imagination et nos compétences d'observation.

La Gravité

La gravité est une force constante qui a une influence sur tout. Elle possède aussi un potentiel énergétique immense si le design le reflète. Reconnaître les effets de la gravité sur un site permet d'en décupler les effets ou de les utiliser autrement. Se servir de la gravité comme une force ou une puissance dans un design peut créer une abondance d'électricité, d'eau stockée, **d'aquaculture** ou de presque n'importe quoi d'autre qui pourrait être créé à partir de ces **produits**.

Aquaculture : la culture des plantes et l'élevage des animaux aquatiques
Produits : les résultats d'un processus

L'Effet de L'Altitude

L'altitude où l'on se trouve dans l'atmosphère a un effet sur le climat. Le fait de monter dans l'atmosphère est comme si l'on voyageait en s'éloignant de l'équateur vers un climat plus froid et tempéré. Cet effet est important à considérer quand on inspecte un site en haute altitude.

« Monter de 100 mètres d'altitude équivaut à s'éloigner d'un degré de latitude de plus de l'équateur »
-Geoff Lawton

L'Effet Maritime

Les corps d'eau ont la capacité de modérer leur climat environnant. Les grands corps d'eau ont le même effet, mais à plus grande échelle. L'effet maritime adoucit les hivers et les étés. Ce climat est souvent excellent pour la culture de certains aliments (en s'assurant de les garder à l'abri des vents salins).

L'Effet Continental

L'influence de l'effet maritime va dans les deux sens : plus on s'éloigne des grands corps d'eau sur terre, plus les étés sont chauds et plus les hivers sont froids.

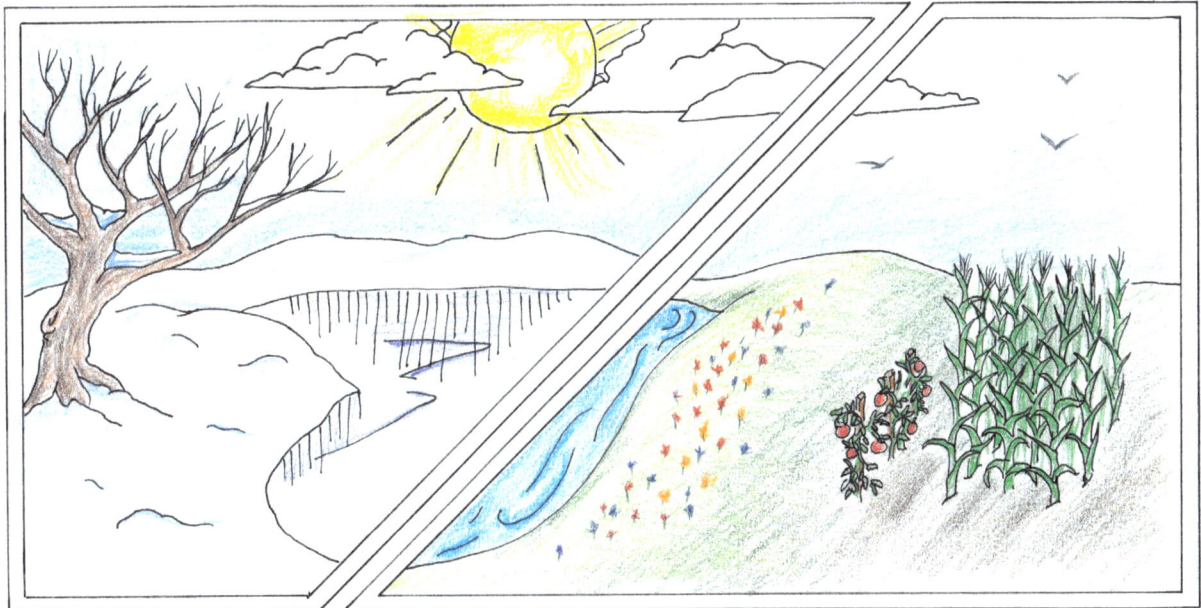

L'Effet de l'Ombre Pluviométrique

En s'approchant des montagnes, les nuages pleuvent sur le même côté que leur approche et, au fil du temps, un côté des montagnes s'en trouve plus humide et l'autre plus aride. On peut facilement observer ce phénomène chez les chaînes de montagnes côtières.

Les Analogues Climatiques

La technologie moderne nous aide à trouver des climats analogues au nôtre partout dans le monde, nous permettant de les étudier pour comprendre l'histoire naturelle d'un climat semblable mais situé ailleurs. Les plantes et les animaux qui se trouvent dans votre analogue climatique ont de fortes chances de bien fonctionner dans votre climat. Les vignes poussent très bien en Italie comme en Californie puisque ces deux endroits possèdent un climat méditerranéen.

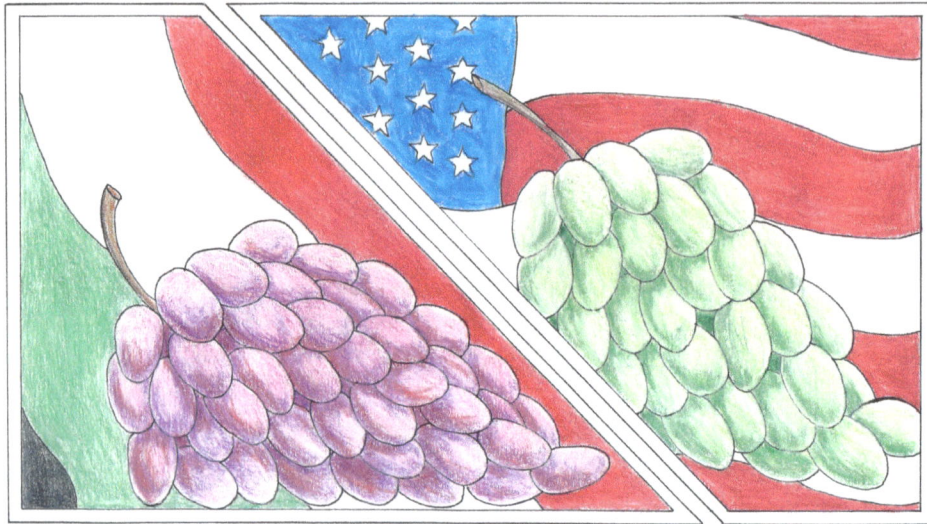

Les vignes poussent très bien en Italie comme en Californie puisque ces deux endroits possèdent un climat méditerranéen.

Une compréhension de votre climat vous permettra de facilement le comparer à d'autres régions, mais trouver des analogues climatiques exactes demandera certaines recherches. Un bon point de départ serait de suivre votre ligne de latitude sur une carte et de noter les endroits se trouvant à la même altitude et à la même distance de l'océan que vous, vous permettant ainsi de concentrer vos recherches.

Les Patterns

Les systèmes naturels sont constitués d'une série de **patterns liés** qui se chevauchent. On se sert des patterns pour apprendre et pour communiquer. Les langues sont des patterns. Les paysages ont aussi des patterns qui se répètent. Donc, puisqu'on apprend selon des patterns, on peut apprendre les patterns de la nature par l'observation et l'étude. Les patterns de votre région sont là, dehors, attendant qu'on les observe. Les gens qui habitent votre région depuis longtemps connaissent les patterns des cy-

Lié : être connecté l'un à l'autre
Patterns : un processus régulier et reconnaissable qui se répète

cles plus longs et peuvent vous en dire plus à leur propos. Ceux-ci peuvent inclure les grands orages de pluies ou les inondations, les étés les plus secs et chauds, où les hivers les plus froids, tout dépendant de votre région et de ses conditions.

La Trajectoire Saisonnière du Soleil et L'Orientation des Éléments

La trajectoire du soleil est différente pour chaque jour de l'année dû à l'inclinaison changeante de la terre relativement au soleil. Le soleil est la source principale de toute énergie sur terre. Si les maisons ou les jardins ne sont pas bien situés, ils peuvent soit se surchauffer, soit manquer de soleil. Ces situations peuvent créer des maisons inconfortables et des jardins peu productifs. Il est vital qu'un bon design prenne en considération les extrêmes et les médianes de la trajectoire saisonnière du soleil.

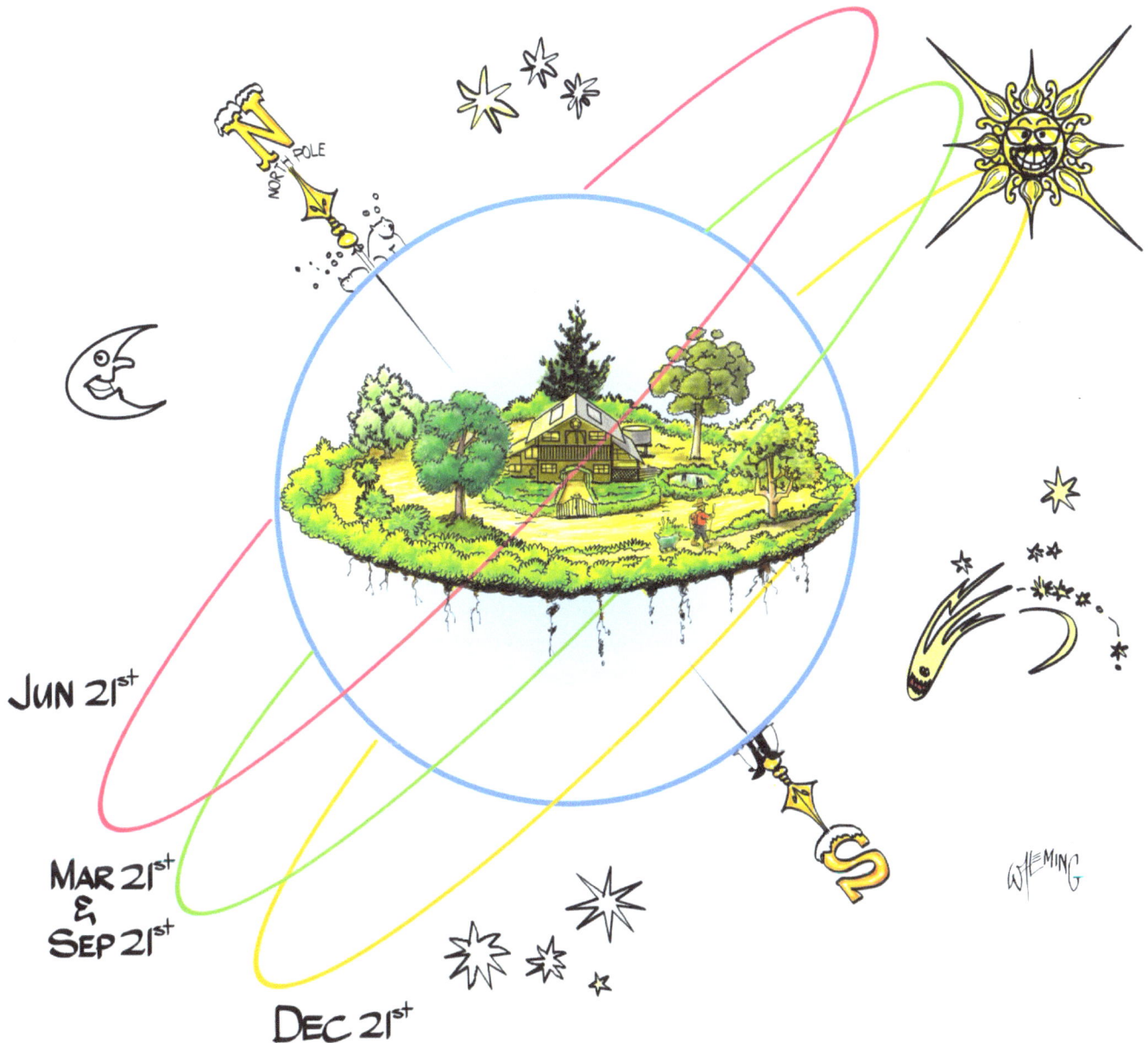

La Pente

La pente d'un terrain détermine ce que vous pouvez y planter. Si une pente est trop escarpée, la seule chose que vous pouvez faire est de planter des arbres et des plantes spécifiques pour empêcher l'érosion. Les jardins annuels se trouvent presque toujours sur la partie la plus plate d'un terrain. Un terrain plat absorbe et retient mieux l'eau que les flancs de collines escarpés, qui ont plus tendance à s'éroder. Plus un terrain sera plat ou concave, plus il absorbera de l'eau.

Il est souvent difficile de calculer la distance d'une longueur horizontale sur une pente. Toutefois, en plaçant un bâton verticalement dans le sol (en se servant d'un niveau pour qu'il soit parfaitement vertical) et un autre bâton horizontalement (à niveau) plus haut sur la pente de sorte qu'il croise le bâton vertical, vous pouvez créer un triangle rectangle inversé dont la « base » est formée par le bâton horizontal, ce qui permet le calcul de la longueur recherchée. Ainsi, vous pouvez attacher les bâtons pour ensuite mesurer la distance du sol jusqu'au point où ils se croisent. Grâce aux mesures de la hauteur (Δy) et de la longueur (Δx) du triangle, vous pourrez calculer approximativement l'inclinaison de la pente, décrit en pourcentage.

Une Manière Simple de Calculer la Pente

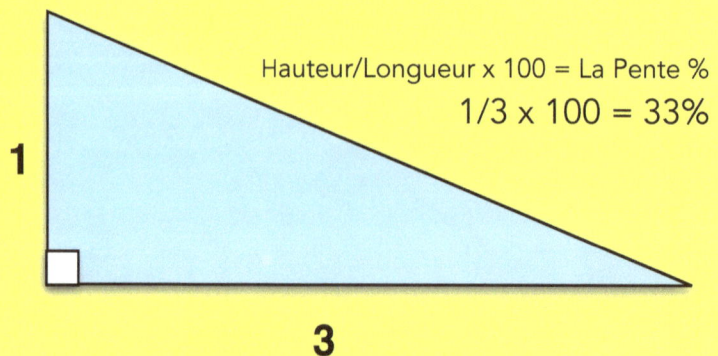

Hauteur/Longueur x 100 = La Pente %

$1/3 \times 100 = 33\%$

1

3

L'Effet de Bordure

L'effet de bordure est le résultat de deux médias qui se rencontrent. Les espèces des deux médias s'ajoutent aux espèces de la bordure permettant de tripler la biodiversité.

Par exemple, le littoral accueille la vie marine, la vie terrestre et la vie côtière en un endroit, ce qui le rend à la fois plus fertile que l'océan en général et que les régions intérieures des terres. On peut artificiellement créer des effets de bordure avec des baissières (de l'anglais, « swales »), des haies, des clôtures et de bien d'autres manières.

Les Courbes de Niveau

Une courbe de niveau est une ligne qui a une altitude constante, de sorte que tout sentier qui se ferait sur cette ligne serait parfaitement plat. Ces courbes sont très utiles dans le design. Les surfaces plates ralentissent l'eau et l'arrête, et si la surface est **poreuse**, l'eau peut s'infiltrer. Les courbes de niveau ont des applications quasi illimitées dans le design. Il est particulièrement utile d'identifier la courbe la plus longue, la plus haute et la plus basse.

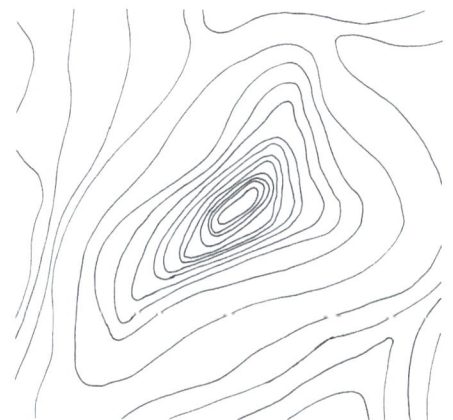

Poreux : qui permet à l'eau et à l'air de passer au travers

Le Rendement

Le rendement est le volume de production généré par un système. La permaculture ne se concentre pas que sur un type de rendement par endroit. Au contraire, tous les rendements d'un endroit sont considérés puisqu'il y a des **polycultures** qui occupent le même espace; c'est ce qu'on appelle **l'empilement** des fonctions. Au final, cela donne un rendement supérieur à ce qu'une seule espèce pourrait générer individuellement dans le même espace. Un très bon exemple de polyculture serait « Les Trois Sœurs », une **guilde de plantes** venant des autochtones d'Amérique du Nord : ils plantaient du maïs (*Zea mays*), des courges (*Cucurbita* spp.) et des haricots (*Phaseolus* spp.) tous ensemble au même endroit. La nature produit des rendements d'espèces différentes à différents moments de l'année, ce qui soutient une panoplie de niches écologiques et de cycles. Un système qui produit de la nourriture toute l'année n'est possible que si les plantes sont diverses et, pour la plupart, **vivaces**. Les jardins **annuels** sont complémentaires à une fondation de plantes vivaces. Il est possible de prolonger et faciliter notre période de récolte en plantant un mélange de variétés offrant une production hâtive, normale et tardive.

On a **greffé** sur ce pommier des variétés avec des productions hâtives, normales et tardives.

Polyculture: un mélange de plusieurs plantes et animaux au même endroit
Empilement: le fait d'avoir plusieurs éléments qui occupent le même espace ou la même période dans le temps.
Guilde de plantes: un regroupement bénéfique de plantes
Vivace: une plante qui peut vivre pendant plusieurs saisons
Annuel: une plante qui pousse d'une graine chaque année
Greffé: lorsqu'une partie d'une plante est attaché à une autre plante

La Diversité, La Stabilité et La Durabilité

Le fait de disperser les rendements est une extension d'énergie intentionnelle dans le temps. Cela augmente la diversité et la stabilité d'un système, en plus de créer une situation durable au fur et à mesure que le système se stabilise et devient plus résilient.

pH du Sol

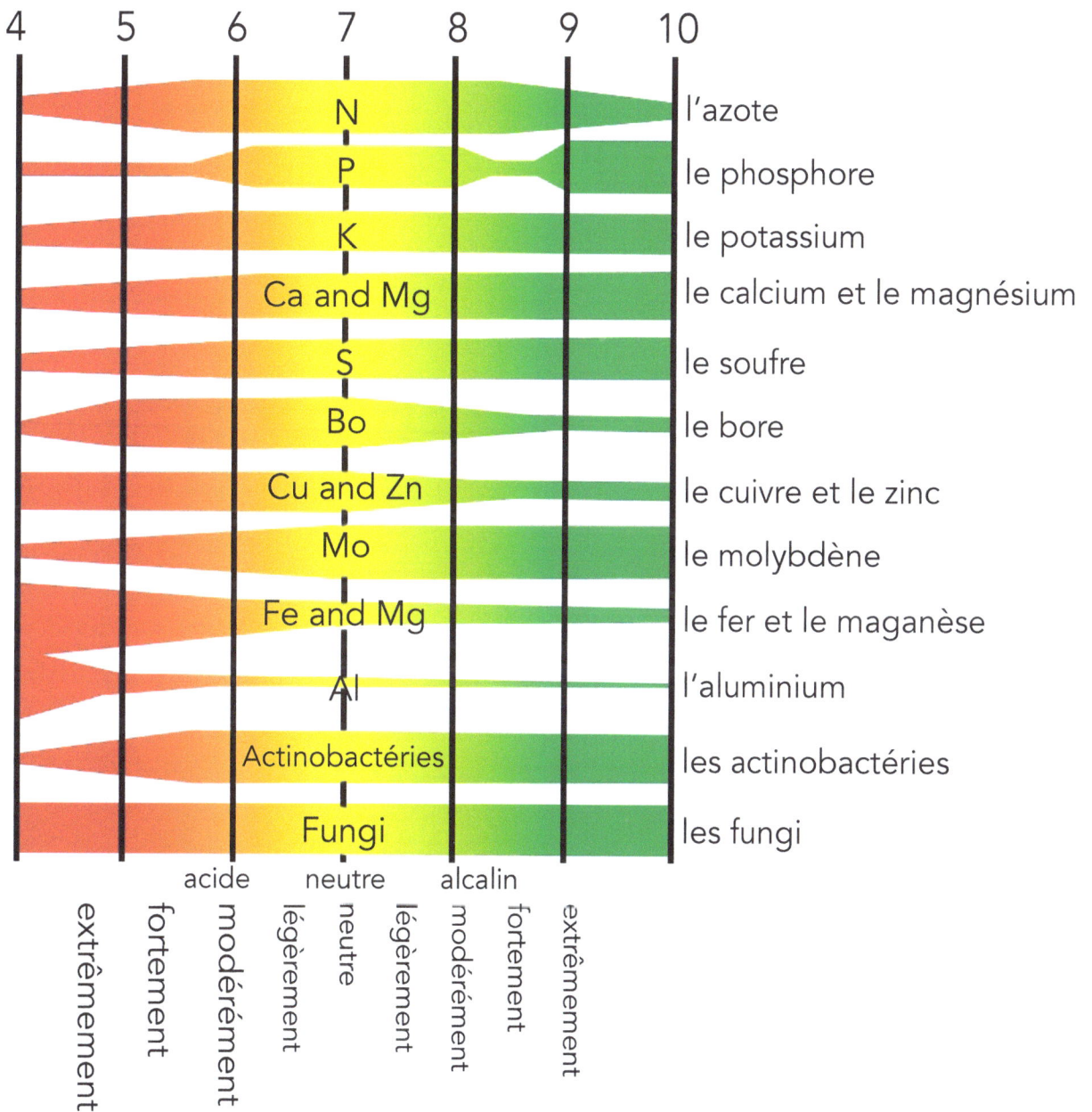

l'azote
le phosphore
le potassium
le calcium et le magnésium
le soufre
le bore
le cuivre et le zinc
le molybdène
le fer et le maganèse
l'aluminium
les actinobactéries
les fungi

Le potentiel hydrogène (pH) est une échelle qui va de l'extrêmement acide (pH 1) à l'extrêmement alcalin (pH 14, mais notre diagramme n'a pas besoin de dépasser pH 10). Le pH mesure la concentration des ions d'hydrogène (H). Chaque degré sur l'échelle est 10 fois plus concentré que le degré qui le précède, ce qui en fait une échelle logarithmique. Un pH de 7 est neutre, soit ni acide, ni alcalin.

La plupart des jardiniers recherchent un pH entre 6,5 et 7, mais certaines plantes préfèrent un sol légèrement plus alcalin ou plus acide. Les plantes préfèrent le même type de sol que celui se trouvant dans leur milieu naturel d'origine. Faire des tests de pH en autant d'endroits que possible aidera le designer à prendre des décisions **éclairées** et **bénéfiques** pour le site. Le pH détermine les sortes **d'amendements** nécessaires, les espèces de plantes à choisir et les meilleurs emplacements pour ces plantes.

Éclairé : sachant ou comprenant quelque chose
Bénéfique : ayant un effet positif
Amendements : substances ajoutées au sol pour l'améliorer

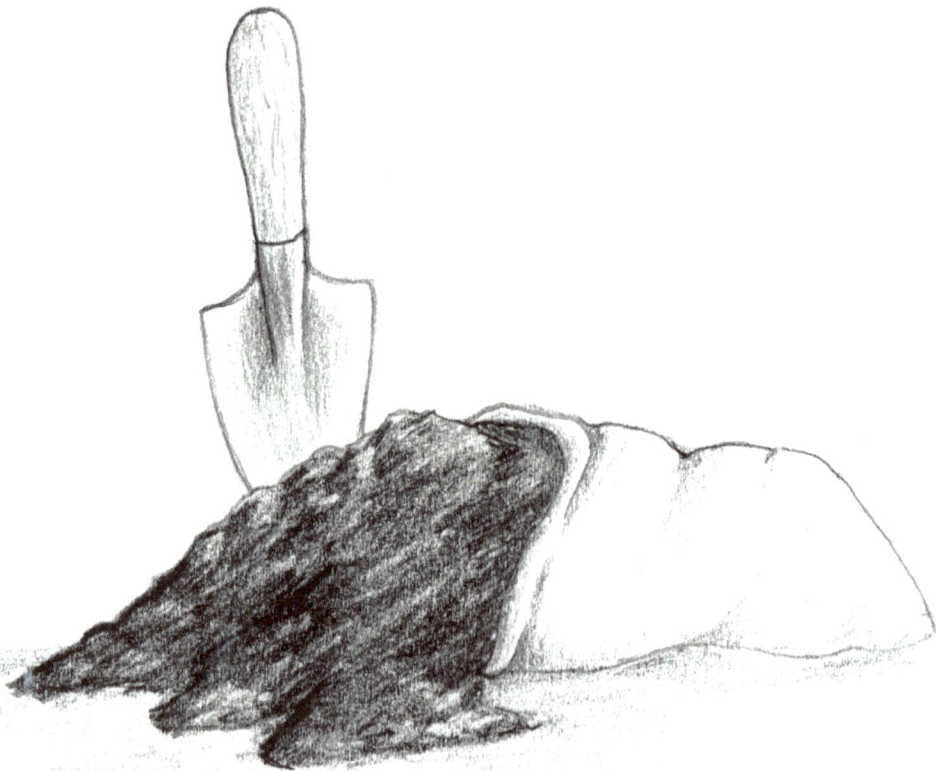

La Planification

Le design fonctionnel

Le design fonctionnel est un design durable qui crée un rendement excédant les besoins du système. Ce design cherche à créer des connections entre autant d'éléments du système que possible et de stocker autant d'énergie que possible sur un site. Les designs dysfonctionnels ne sont pas durables, exigent des intrants coûteux et tombent éventuellement en panne.

En tant que designer, nous devons toujours chercher à utiliser tout extrant comme intrant, de sorte que tout extrant soit utilisé comme entrant pour un autre élément du système. Nous devons aussi chercher à utiliser les nutriments et l'énergie autant de fois que possible sur un site, et à inclure autant d'éléments vivants que possible dans un système afin d'en augmenter la diversité, de créer de la stabilité et de le rendre durable.

La Lecture du Paysage

Chaque paysage a son histoire à raconter. Tout dit l'histoire d'un endroit : des arbres courbés par les vents dominants aux traces des inondations d'un ruisseau saisonnier. Apprendre à lire un paysage prend du temps et de la pratique, mais reste à la portée de tout le monde. En se servant d'outils tels des cartes, l'observation *in situ*, des recherches locales et des écrits historiques, nous pouvons nous préparer à mieux voir ce que le paysage veut nous montrer.

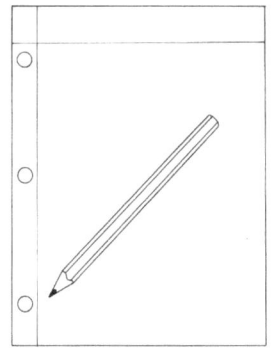

Les Cartes Topographiques

Les cartes topographiques comprennent un ensemble de courbes de niveau représentant le paysage physique. Ces cartes ne sont pas parfaitement précises. La seule manière de voir les possibilités d'un site est de le visiter en personne, bien que les cartes topographiques peuvent faciliter la tâche. Les cartes topographiques aident à repérer des sites potentiels pour des barrages et des maisons. Dans d'autres cas, elles permettront d'identifier clairement les pentes trop escarpées pour lesquelles seul un contrôle de l'érosion conviendra.

Le Point-Clé

Le point-clé est le point juste après lequel le commutateurs terrestres de convexe à concave à venir en bas d'une crête ou un sommet de montagne. Ce qui provoque le limon, les argiles, et la matière organique transporté par le courant d'eau descendant pour déposer l'eau ralentit. Cela signifie plus de nutriments, plus particules d'argile, et une rétention d'eau plus naturelle. C'est l'endroit idéal pour un captage d'eau ou un barrage.

La Ligne-Clé

Une ligne de contour est la ligne de contour qui s'étend dans les deux sens à partir de Point clé. Il capte le plus d'eau et a le plus fort potentiel de régénération dessins. Ces lignes de touche peuvent être des noues qui absorbent l'eau et la dirigent vers le point-clé en cas d'inondation, ou ils peuvent ne pas être absorbants et ne détourner que l'eau. Il dépend de votre situation dans le désert, il faut de grandes quantités de captage pour irriguer une zone plus petite alors que les tropiques humides n'auraient pas besoin de le faire.

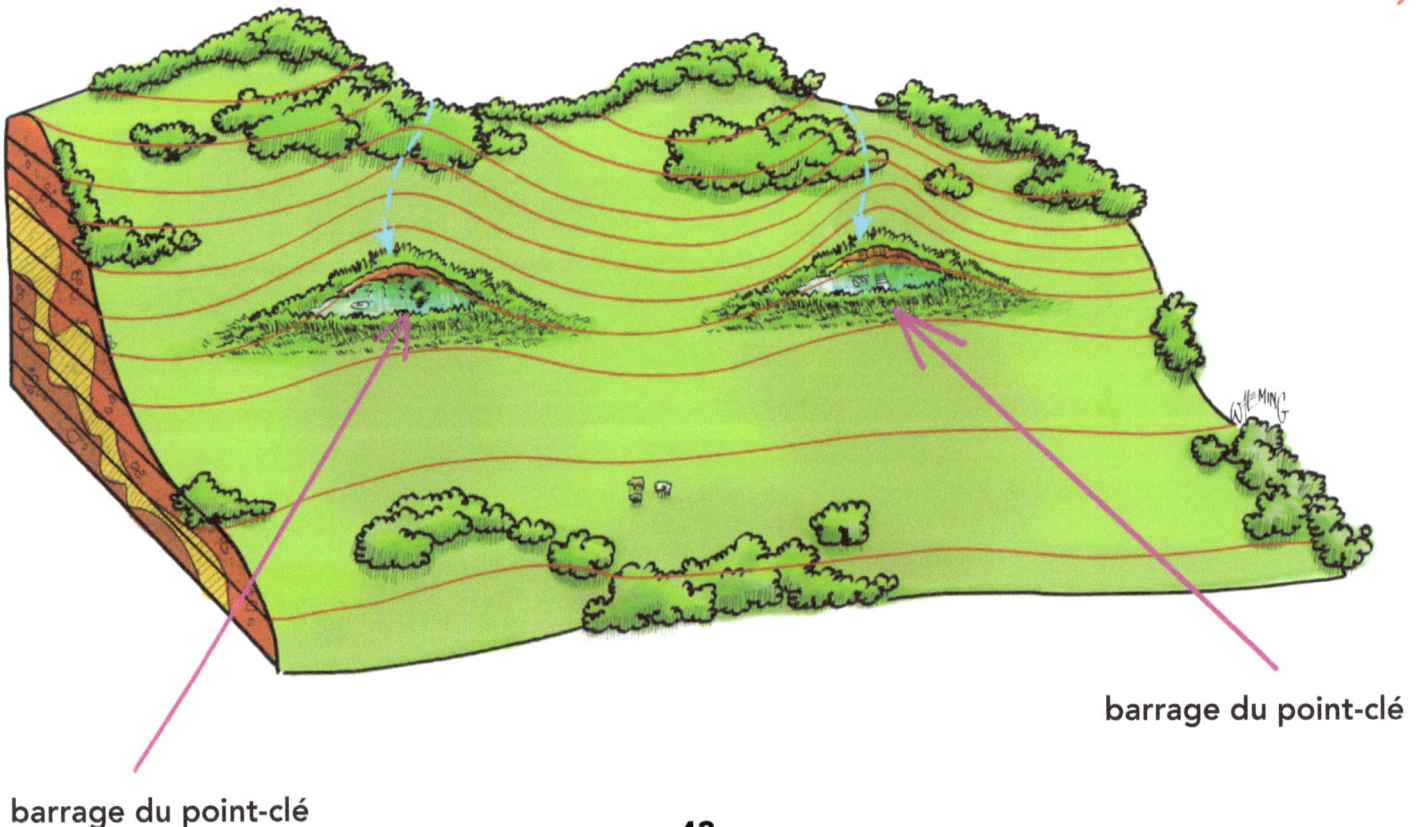

barrage du point-clé

barrage du point-clé

43

Comment calculer le potentiel d'un bassin versant

Pour calculer le potentiel d'un bassin versant à l'aide d'une carte topographique, en partant des deux côtés de l'étang prévu, dessinez des lignes à angle droit par rapport à chaque courbe de niveau jusqu'à l'arête. L'espace à l'intérieur de ces lignes est la superficie du bassin versant de l'étang. Les archives de votre gouvernement local ou de la bibliothèque locale auront de l'information sur les précipitations maximales de votre région. Pour calculer le débit maximal d'eau, multipliez la superficie totale par les précipitations maximales. Cette information déterminera la taille de l'étang, la barrage et son déversoir à rebord à niveau. Les déversoirs ne sont pas toujours nécessaires dans la construction d'une baissière, mais sont souvent un ajout judicieux. Ils sont plus bas que la crête du barrage, alors l'eau ne dépasse jamais un certain niveau, ce qui protège le barrage.

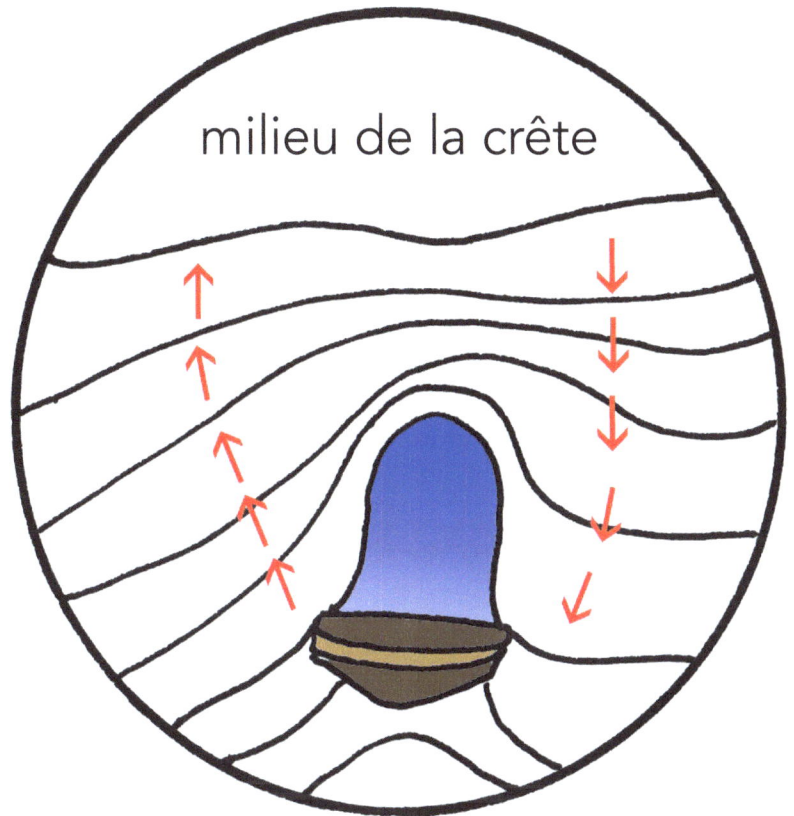

milieu de la crête

Superficie d'un Bassin Versant x Précipitations Maximales en 24h = le Débit d'Eau Maximale

Analyse des Éléments

Chaque élément a des besoins, des produits, des comportements et des caractéristiques intrinsèques. Une analyse de tous ces facteurs aidera le designer à voir toutes les possibilités, les forces et les faiblesses de chaque élément à sa disposition. C'est ainsi que chaque animal et chaque plante sont initialement choisis pour un système donné. Bien que l'expérimentation soit toujours acceptable, il reste qu'une bonne planification garantira un rendement et un retour sur investissement.

Caractéristiques Intrinsèques race, couleur, caractéristiques spécifiques à la race, comportement, tolérance au climat

Besoins abri, « grit », eau, air frais, nourriture, autres poules

Produits et Comportements œufs, voler, viande, se battre, fiente, méthane, gratter, plumes, griffer, fourrager, CO_2, production de mulch

Planification par Secteur

La planification par secteur est une méthode visant à minimiser la quantité d'énergie nécessaire pour entretenir un site. En organisant les divers éléments en zones d'activités, le designer peut situer les éléments les plus exigeants plus près de la maison et ainsi minimiser la distance qu'il faut marcher chaque année pour s'occuper de ces éléments. Par exemple, le potager familial se place près de la maison (Zone 1) tandis que ce qui nécessite très peu d'attention, comme une forêt aménagée, peut être loin de la maison (Zone 4).

Zone 1 : les environs de la maison, les jardins d'herbes et les potagers sous mulch, exige le plus d'attention

Zone 2 : la culture principale, le verger, les petits animaux, du **fourrage** pour animaux, plantation **dense**, beaucoup de mulch, **entretenu** régulièrement

Zone 3 : les arbres rustiques, les espèces natives, du fourrage pour animaux, des animaux **brouteurs** et de **pâturage**, se connecte facilement aux zones 1 et 2, des brise-vents, des **pare-feux**, du **mulch grossier**, des forêts nourricières, entretien régulier mais pas aussi intensif que les zones 1 et 2, activité se concentre sur les animaux, la récolte et la coupe de mulch.

Zone 4 : production de bois, bois de chauffage, les forêts nourricières, les forêts fourragères, entretien minimal

Zone 5 : région sauvage, aucun entretien, pour la chasse, le bois, laissé à la régénération

Entretien : travail nécessaire pour maintenir le fonctionnement d'un système

Fourrage : nourriture que les animaux peuvent chercher eux-mêmes

Dense : très rapproché, épais

De pâturage : qui mange les graminées et d'autres plantes de pâturage

Brouter : manger des feuilles, des brindilles, de l'écorce et d'autres plantes au-dessus du niveau du sol

Pare-feu : un obstacle comme un secteur de forêt ouvert

Mulch grossier : de grandes parties de feuillage coupées et laissées par terre sans être déchiquetées ou autrement transformées

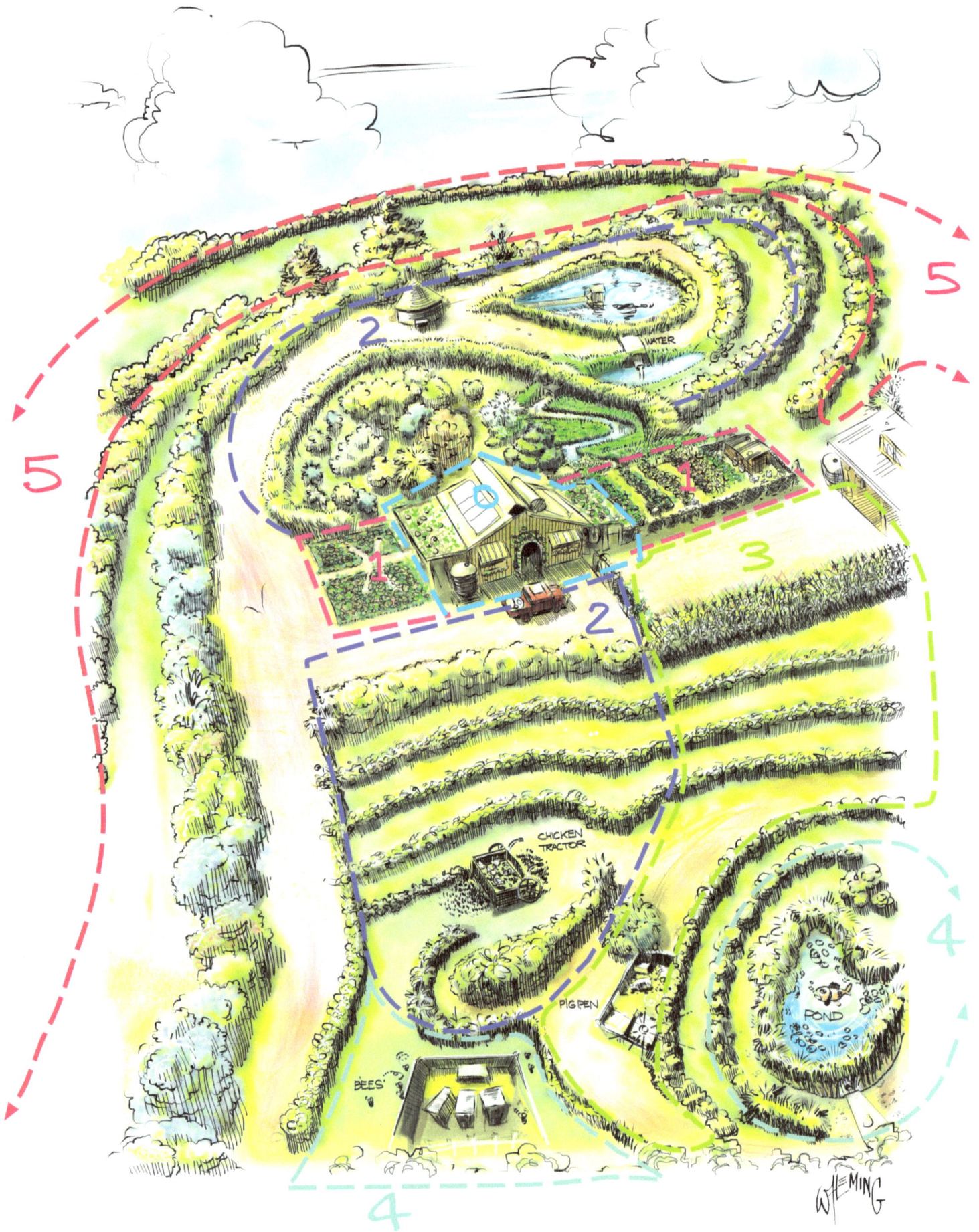

Les Assemblages au Hasard

Les assemblages au hasard, ou assembler les éléments au hasard, est une bonne manière de trouver des idées. Pour utiliser cette méthode, on fait une liste d'éléments possibles autour d'une liste d'interactions/arrangements possibles. En traçant un trait entre les éléments, on croise des interactions possibles au hasard. Bien que ce soit au hasard, cela reproduit, en quelque sorte, la façon dont la nature génère la diversité, et peut éventuellement mener à des innovations surprenantes.

Le Sol

Le Test du Bocal

Le test du bocal est un moyen simple et facile de découvrir la proportion de sable, d'argile, de limon et de matière organique dans votre sol.

1. Remplir à moitié avec de la terre
2. Remplissez avec de l'eau, en laissant assez de place pour secouer
3. Fermez bien et agitez pendant plusieurs minutes jusqu'à complète mélange
4. Laisser le pot reposer plusieurs heures à plusieurs jours
5. Les particules de sol sont les plus grosses en bas et les plus petites en haut.
6. Les matières organiques peuvent flotter au lieu de se déposer
7. Organic material may float instead of settling

(cm d'argile divisé par cm de sol retombé) x 100 = % d'argile

Pour obtenir le % des autres constituants du sol, vous pouvez substituer leurs mesures dans la formule.

Si vous avez 4 cm de sol retombé, 1 cm d'argile, 1 cm de limon, 1,5 cm de sable et 0,5 cm de matière organique, votre sol est alors composé de 25 % d'argile, 25 % de limon, 37,5 % de sable et 12,5 % de matière organique. Une fois les pourcentages obtenus, vous pouvez identifier votre type de sol spécifique sur ce graphique. Une compréhension de

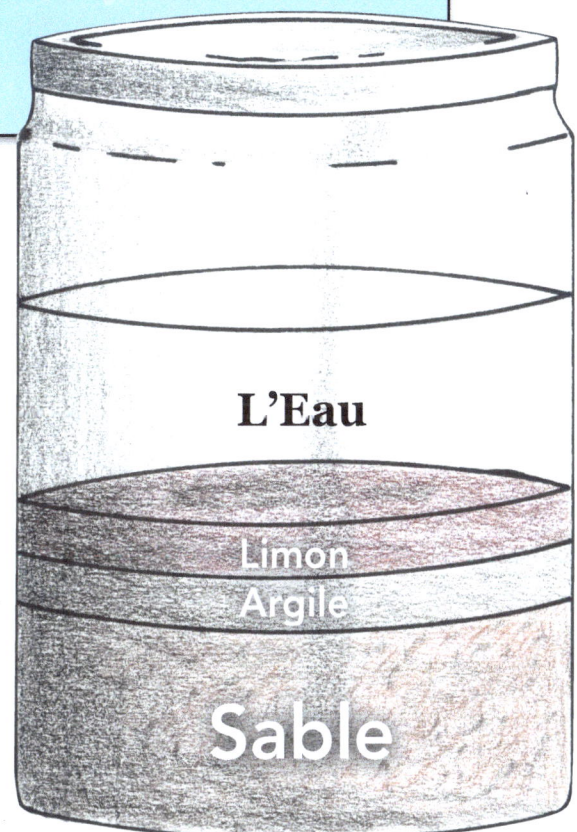

L'Eau

Limon
Argile

Sable

votre type de sol vous aidera à trouver les plantes et les amendements qui conviendront à votre site. Notre exemple ci-dessus est un sol du type loam argileux.

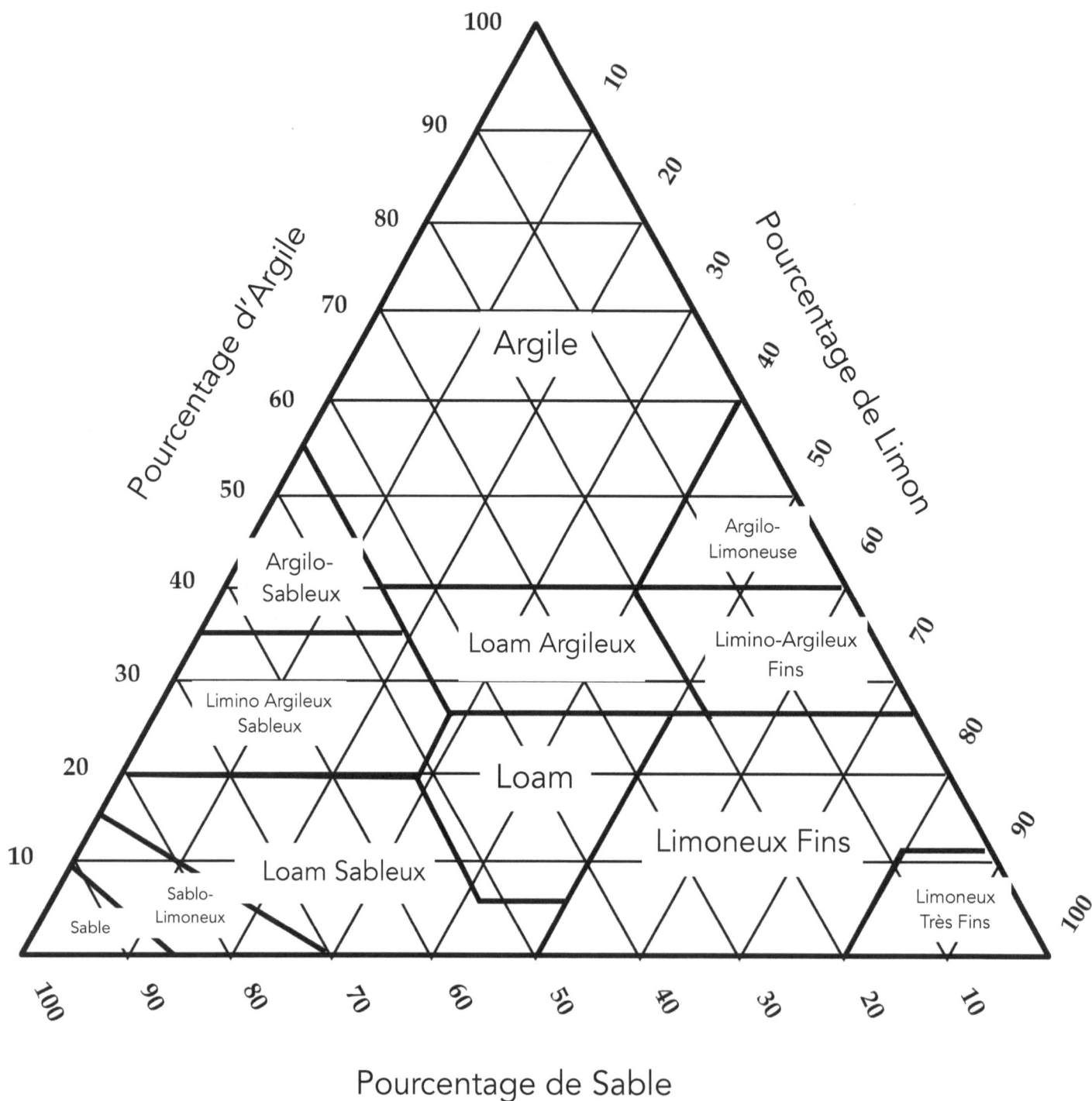

Pourcentage d'Argile

Pourcentage de Limon

Pourcentage de Sable

Argile

Argilo-Sableux

Argilo-Limoneuse

Loam Argileux

Limino-Argileux Fins

Limino Argileux Sableux

Loam

Loam Sableux

Limoneux Fins

Sable

Sablo-Limoneux

Limoneux Très Fins

Le Terreau D'Empotage pour les Semis

N'oubliez pas que certaines graines ont besoin de stratification froide ou de scarification pour germer.

Terreau d'empotage
50% sable de rivière
50% compost tamisé

Terreau tropical
~40% sable de rivière
>60% compost tamisé

Terreau pour petites graines
90% sable
50% compost tamisé

Stratification froide : traitement d'une graine qui imite les conditions hivernales, c'est-à-dire le froid et l'humidité, pendant une période
Scarification : quand l'enveloppe d'une graine est percé permettant à l'eau et à l'air de pénétrer. On accomplit la scarification soit en coupant, soit en égratignant l'enveloppe de la graine. Tremper des graines dans de l'eau chaude et dans le feu peut également laisser entrer de l'eau et de l'air.
Germer : commencer à pousser
Sable de rivière : gros sable se trouvant à l'intérieur d'un méandre de rivière. Ce sable crépite quand on le serre et l'eau passe librement au travers.
Tamisé : filtré par un tamis fin qui ne laisse passer que les petites par-

L'Enracinement des Boutures

Les bouturages racinaires ont besoin d'un environnement humide et ombragé. Il faut s'assurer que l'endroit ne soit pas trop trempé, puisqu'un niveau élevé d'humidité fera en sorte que les racines pourriront ou ne pousseront pas vers l'eau, ce qui aura un effet négatif sur leur développement. Il est facile et peu coûteux de fabriquer une petite serre qui servira à l'enracinement des boutures. N'importe quel assemblage qui permet le passage de la lumière et retient l'humidité fera l'affaire. Certains couvrent même leurs pots à l'aide de sacs plastiques. Le terreau d'empotage devrait être entièrement composé de sable de rivière. Les boutures de bois tendre et de bois semi-ligneux peuvent prendre de 3 à 4 semaines à s'enraciner. Les boutures ligneuses peuvent prendre plusieurs mois, voire jusqu'à un an à s'enraciner. Quand les racines se développent et mesure de 1 à 2 cm (1 po), il est temps de transplanter les plantes. N'arrosez que de thé de compost ou d'eau de lombricompostage.

Les Boulettes de Graines

Une technique ancienne que Mansanobu Fukuoka a inclut dans son Agriculture Naturelle est l'ensemencement par boulettes de graines. Ces boulettes sont formées à partir d'un mélange de graines, de fumier ou de compost, et d'argile. Après avoir formé des boulettes de cette mélange on les laisse sécher au soleil.

Recette
- 1 volume de graines
- 3 volumes de compost ou de fumier
- 5 volumes d'argile
- 1 à 2 volumes d'eau

Compostage en « Lasagne »

Le compostage en « lasagne » est une technique permettant de générer rapidement un sol riche par le compostage de matières organiques (du carton, des papiers journaux, du papier, du fumier et du mulch) empilées en couches. C'est essentiellement une imitation du tapis forestier. La nature crée une couche épaisse de mulch en forêt; sous cette couche se cache, en tout temps, le potentiel d'une nouvelle forêt ou d'un pré.

Le compostage en « lasagne » crée une couche de champignons continue avec la couche humide des fibres de bois dans le carton, le papier et les papiers journaux en décomposition. Le fumier fournit les bactéries, la capacité à retenir l'eau et l'azote (N).

La couche de paille/mulch rafraîchit le sol, retient l'humidité et l'air et ajoute du carbone (C) au sol. Tous ces ingrédients ajoutent plus encore au sol, mais la liste ci-dessus décrit les parties principales du processus.

Travaillez le sol où vous prévoyez faire du compostage en « lasagne » à l'aide d'un râteau, d'une binette ou de tout autre permettant de retourner la surface du sol afin le rendre perméable à l'humidité. Recouvrez-le ensuite de couches des matériaux suivants:

du mulch
du compost
de la paille
du fumier
du papier journal
du fumier
Sol

• Les amendements au sol (s'il y a lieu)
• 2,5 cm (1 po) de fumier
• 1-2 cm (0,25 – 0,5 po) de papier journal ou carton
• 2,5 - 5 cm (1 – 2 po) de fumier, idéalement sans graines
• 15 - 25 cm (6 – 10 po) de mulch organique (de la paille ou d'autres restes de plantes riches en carbone, voire du mulch des arbres non-allélopathiques)
• 2.5 - 5 cm (1 – 2 po) de compost
• Étendez légèrement du mulch sans graines sur le tout pour offrir de l'ombre aux jeunes pousses, les retenir pendant l'arrosage et pour les cacher des prédateurs.

Au fil du temps, il faudra ajouter plus de mulch, mais s'il y a déjà des plantes sur place qui peuvent fournir le mulch, ce sera un meilleur design qui demandera moins d'effort. Les petits arbustes légumineuses qui repoussent rapidement et les plantes qui accumulent des minéraux sont parfaits pour ce rôle. Le consoude (*Symphytum* spp.), une vivace non-ligneuse, est une plante aux racines profondes qui accumule des minéraux. On peut planter du consoude autour d'arbres fruitiers pour fournir un mulch facilement accessible et des fruits plus nourrissants.

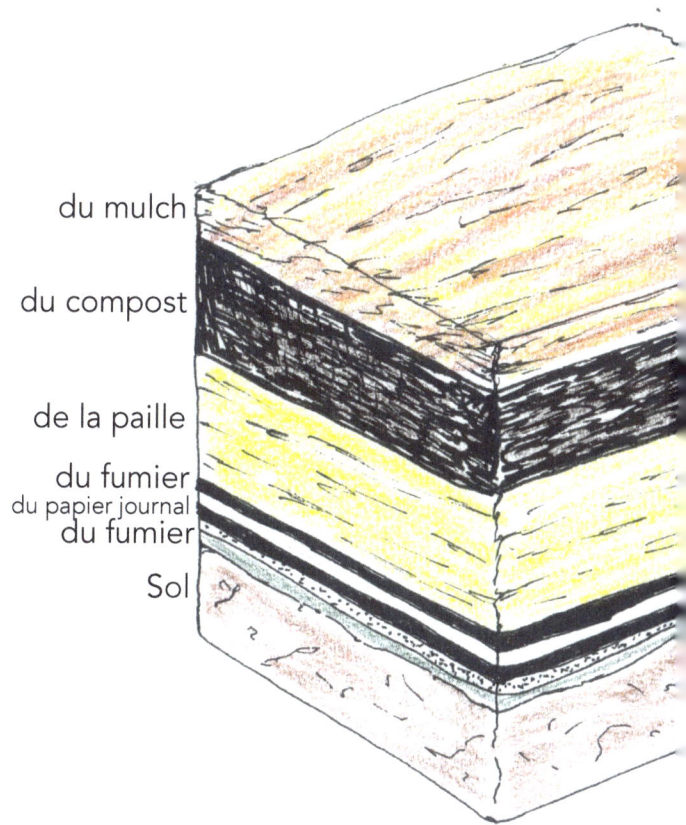

Le Compostage

Le compost est une matière organique noire-brunâtre, riche et collante, composée de longues chaînes de molécules de carbone (C). Ces chaînes lient ensemble une diversité d'éléments. Le compost est de la matière organique fourmillante de vie, réduit à sa forme la plus fondamentale. Le compostage est l'acte de laisser transformer les matières organiques en longues chaînes de carbone par le processus de **décomposition**.

Le compost est extrêmement utile. On peut l'ajouter au jardin en petit tas pour planter des semis, ou l'épandre autour d'une plante mature, ou l'utiliser comme amendement au sol ou en thé de compost. Les longues chaînes de carbone se lient à un éventail de minéraux et de nutriments que les plantes peuvent utiliser au besoin. Les plantes saines produisent de la nourriture plus saine pour les gens et les animaux.

« Si cela à déjà vécu, cela pourra revivre… au compost. » - Geoff Lawton

Le Compostage Thermophilic

Le compostage thermophilic comprend deux éléments de base qui créent la réaction : le carbone (C) et l'azote (N). La matière riche en carbone, appelée souvent « des bruns », comprend des choses telles que de la paille, du bois, du bois fragmenté, du papier, ou des feuilles. Le fumier fournit l'azote pour la réaction. Une proportion de 25 parts de carbone pour une part d'azote (25:1, C:N) est nécessaire pour qu'une réaction de compost thermophilic atteigne la bonne température. La chaleur indique que les **microbes** travaillent fort à transformer les divers matériaux en compost **homogène**. La température idéale d'un tas de compost varie de 55 à 65 °C (120 à 150 °F). Ces températures extrêmes tuent les microbes nocifs, les pathogènes et les graines de mauvaises herbes. Quand le tas dépasse la température maximale voulue, il est temps de le retourner, libérer de la chaleur et recommencer. Pour fournir de l'air au tas, air qui est vital aux réactions à l'intérieur, il est important de retourner le compost régulièrement. Si un tas de compost change de réaction et devient anaérobique, le tas n'est pas assez bien aéré et commencera à puer. Les réactions aérobies ont une odeur de terre, et non une odeur putride.

> **Décomposition** : le processus de pourrissement, la désagrégation
> **Microbes** : petits organismes invisibles sans microscope
> **Homogène** : qui semble pareil

Compostage en 18 jours avec la Méthode Berkeley

Le Compost Berkeley

1/3 de matière riche en carbone (déchiquetée)

1/3 de matières vertes

1/3 de fumier

La méthode de compostage Berkeley, développée à la University of California à Berkeley, est une façon rapide et fiable de créer du compost. La taille minimale du tas de compost est d'un mètre cube (~ 35 pi³); cette dimension est nécessaire pour atteindre les températures voulues. Dans le compost on peut inclure les matières brunes et du fumier et les matières vertes, qui comprennent l'herbe ou des mauvaises herbes fraîchement coupées. Ces matières vertes augmenteront la diversité microbiologique du processus. Les poissons morts, d'autres animaux morts, le consoude (Symphytum spp.), l'ortie (Urtica spp.) ou

Jour 1	**Jour 4**	**Jour 6**
Combiner et Arroser	Retourner, Garde Humide	Retourner, Garde Humide
Jour 8	**Jour 10**	**Jour 12**
Retourner, Garde Humide	Retourner, Garde Humide	Retourner, Garde Humide
Jour 14	**Jour 16**	**Jour 18**
Retourner, Garde Humide	Retourner, Garde Humide	Compost Prêt

du vieux compost peuvent tous être placés au centre du tas pour démarrer le processus de décomposition. L'ajout de ces autres matériaux accélérera le processus thermique du tas de compost et donnera un produit fini avec une plus grande micro-biodiversité.

Lorsque vous avez rassemblé toute votre matière compostable, faites des couches en alternant de matières vertes et de matières brunes, en commençant par une fondation de matériaux riches en carbone (qui aidera l'aération). Une fois le tas complété, arrosez-le jusqu'à ce que l'eau commence à couler du tas. Ensuite, assurez-vous de le retourner selon le programme de la page précédente. Assurez-vous que les couches sont toutes humides; l'arrosage pendant l'empilement des couches peut être une autre approche. Une vérification régulière des niveaux d'humidité aidera à maintenir la réaction. Pour tester l'humidité, on peut prendre une poignée de matière et la serrer; s'il n'y a que quelques gouttes qui sortent, le tas est suffisamment humide.

Le Thé de Compost

Le thé de compost est comme de la nourriture liquide pour le *sol* et non un engrais pour les *plantes*. On fabrique du thé de compost en suspendant un sac en tissu grossier (p. ex. en jute) rempli de compost dans un seau. Ensuite, on aère l'eau pendant 12 à 48 heures, ce qui permet aux organismes du sol de se séparer des particules du sol pour se multiplier. Le produit final est un liquide aérobie qui revitalise le sol et fournit un meilleur environnement pour les plantes grâce à un bon nombre d'organismes bénéfiques dans le sol. Il existe plusieurs recettes pour le thé de compost adaptées aux besoins des plantes et du sol, et plusieurs styles d'appareils pour en apprêter; mais les éléments de base sont : un seau, quelque chose pour aérer (comme une pompe d'aération d'aquarium), de la nourriture pour les microbes (comme de la mélasse verte), de l'eau et du compost dans un sac perméable. D'autres ajoutent des ingrédients comme du varech, des oligo-éléments ou d'autres nourritures microbiennes qui enrichissent leur thé de compost de nutriments et de minéraux.

Une fois prêt, utiliser le thé de compost d'ici 6 à 8 heures. Il est mieux de diluer le thé avant son application en mélangeant une volume de thé dans deux à trois volumes d'eau, jusqu'à ce que le liquide prenne la couleur d'un thé léger. Appliquer cette solution en moyenne une fois par saison de croissance.

Le Système de Production de L'Eau du Lombricompostage

Ce système vise à produire du compost sans entretien régulier. Il est parfait pour les déchets alimentaires qui se créent constamment.

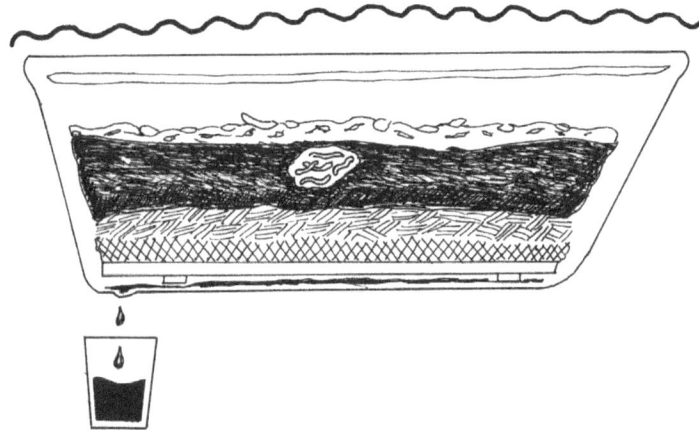

N'importe quel récipient devrait servir, pourvu que l'eau puisse drainer du fond. On remonte le fond de l'intérieur du récipient en y installant une petite plate-forme soutenue par des petits pilotis ou du gravier avec du tissu à l'ombrière sur le dessus. Le but est de ne pas permettre au fumier et au compost de toucher le fond du récipient et de laisser le liquide drainer librement.

Une fois que la petite plate-forme est couverte de tissu à l'ombrière et est installée, on peut commencer à déposer une couche mince de paille ou de feuilles sèches. Ensuite, on remplit la moitié du récipient de fumier, on ajoute les vers et on remplit le reste de déchets alimentaires régulièrement. Les vers de terre digèrent et transforment la matière organique en turricule. Le liquide qui échappe du récipient en bas contient des bactéries qui seront bénéfiques pour le sol. À n'importe quel moment pendant la saison de croissance, on peut ajouter ce liquide au sol. Moins de trois mois plus tard, le contenu entier du récipient se sera transformé   en compost et pourra être utilisé au jardin.

Le Bioengrais

Le bioengrais est un engrais inanimé pour les plantes et le sol qui est produit par un processus de fermentation anaérobique. Cet engrais convient tout particulièrement pour ajouter des minéraux manquants au sol. Il y a plusieurs manières de fabriquer un système de production de bioengrais. On combine tous les ingrédients dans un grand bidon hermétique de 50 gallons (~190 L). Ce bidon peut être un ancien bidon de stockage de nourriture pour animaux. Toutes les parties du bidon et des tuyaux doivent former un système hermétique. Le tuyau à l'air sort du bidon et finit dans une bouteille d'eau remplie d'eau. On doit s'assurer que l'embouchure du tuyau est toujours submergé dans l'eau. Il n'est pas nécessaire de fermer hermétiquement cette partie. Comme dans la fermentation de nourriture, des gaz issus du processus de fermentation dans le bidon sortiront par le tuyau et feront des bulles dans la bouteille d'eau à mesure que les gaz s'échappent. Trois mois plus tard, le bioengrais sera prêt. Il devrait avoir un teint doré et peut se conserver indéfiniment. Pour l'employer aux plantes et au sol, on fait une dilution avec de l'eau d'une quantité de bioengrais pour 20 quantités d'eau.

> **Bioengrais**
> 10 kg (22 lbs) de rumen (le 1e et le 2e estomacs) ou de fumier frais
> 10 L (2,5 gal) de mélasse
> 2 L (0,5 gal) de lait
> 5 L (1,3 gal) de varech
> 1 kg (2,2 lbs) de levure de boulanger ou de bière
> 1 kg (2,2 lbs) farine d'os deux fois brûlée

Les Plantes

La méthode couper-déposer

La méthode couper-déposer est aussi simple que le nom le suggère, mais extrêmement bénéfique. Lorsqu'on arrache les mauvaises herbes et les jettent ailleurs, on enlève les nutriments dont le sol a besoin. Souvent, les mauvaises herbes accumulent des nutriments puisés profondément dans la terre. Au lieu de les jeter ailleurs, on peut couper et déposer les mau-vaises herbes sur place. En le faisant, on accélère le processus naturel de regénération. Plus les morceaux sont coupés finement, plus ils auront une grande superficie et plus la matière se décomposera rapidement.

Les Légumineuses

Les légumineuses accumulent de l'azote dans le sol. Les légumineuses enrichissent le sol et permettent aux autres plantes de mieux se développer. On trouve des légumineuses de toutes les tailles et qui peuvent pousser dans chaque étage de la forêt. Elles poussent rapidement, ce qui leur mérite souvent l'étiquette de « mauvaises herbes ». On peut également pratiquer **l'émondage** avec les arbres légumineuses ou les couper **en taillis**.

Les légumineuses sont très versatiles. En tant qu'**interculture ou engrais vert**, elles peuvent préparer le sol pour un jardin ou une forêt nourricière. Les légumineuses peuvent être une **espèce de soutien** dans une forêt nourricière. Elles peuvent fournir de la nourriture aux humains comme aux animaux. Leur bois est aussi utile comme bois de chauffage. Et elles produisent également des mulchs superbes.

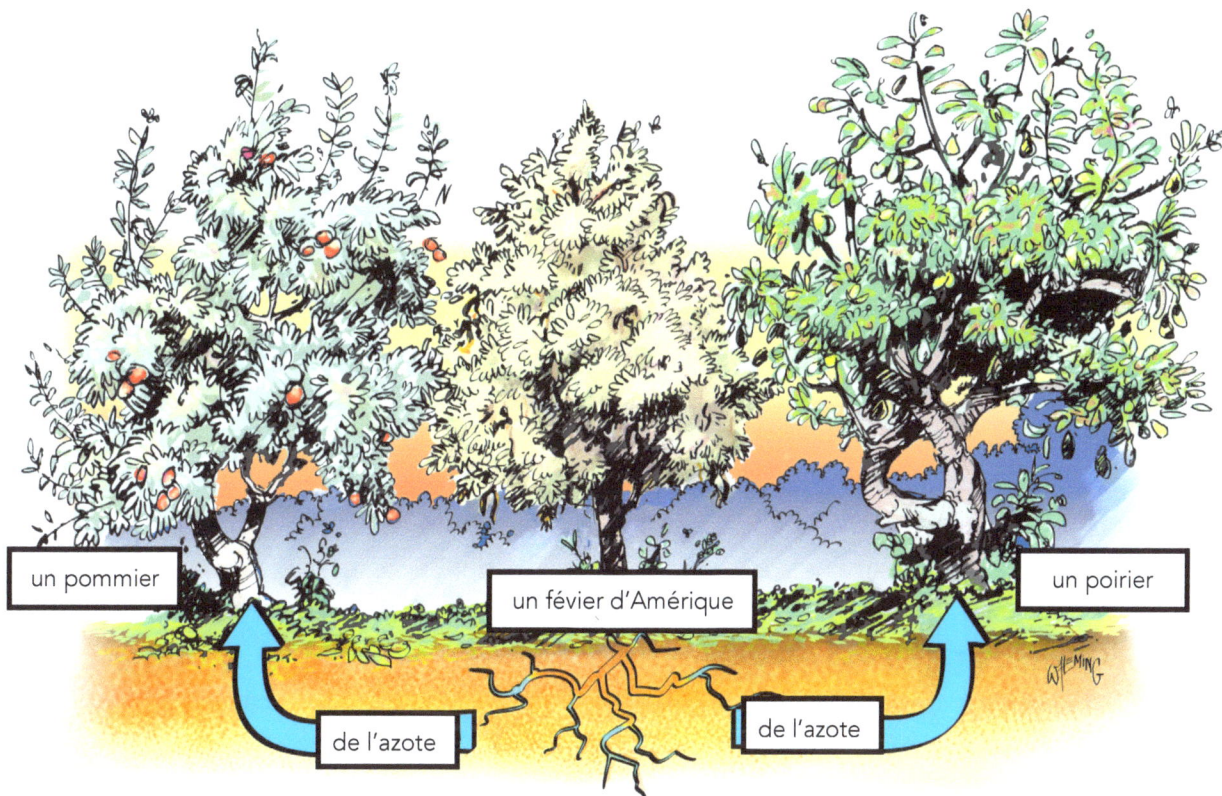

un pommier

un févier d'Amérique

un poirier

de l'azote

de l'azote

La question de la capacité du févier d'Amérique (Gleditsia triacanthos) d'être un fixateur d'azote est souvent controversée. Pourtant, chez Les Fermes Miracles au Québec, cet espèce s'est montrée efficace dans un système commercial. Ce débat a encouragé des études sur la capacité des arbres fixateurs d'azote primitifs qui n'ont pas les nodosités bactériennes racinaires typiques chez la plupart des arbres fixateurs d'azote (p. ex. le Robinier faux-acacia (Robinia pseudoacacia), le caraganier (Caragana arborescens) ou les Acacia (Acacia spp.)).

En taillis : certains arbres comme les saules (*Salix spp*.) et les eucalyptus peuvent repousser beaucoup de nouveaux tiges utiles de la souche lorsque coupés. Certains arbres (notamment, les conifères) ne peuvent pas former un taillis.

Émonder: couper les branches du haut de l'arbre pour encourager de la croissance vers le haut

Interculture/engrais vert : une plante semée pour couvrir et enrichir un sol nu. Souvent une légumineuse annuelle qui permet au sol une période de récupération entre les cultures intensives du printemps et de l'été.

Espèce de soutien : un animal ou une plante qui soutient l'existence d'autres animaux ou plantes

Les Guildes de Plantes

Une guilde de plantes est une groupe ou une polyculture de plantes qui se soutiennent les unes les autres; elles améliorent et protègent les fonctions des autres plantes dans la guilde. Nous pouvons apprendre plus sur les guildes en cherchant et mettant à l'épreuve des listes de compagnonnage végétal et en prêtant attention aux succès des jardiniers locaux.

La Forêt Nourricière

La forêt nourricière est un paysage boisé dont le design s'inspire des processus de succession naturelle des forêts. On peut se servir de différentes approches pour accélérer l'établissement d'une forêt nourricière, dont : l'utilisation de légumineuses, la méthode couper-déposer, les guildes de plantes, les étages bénéfiques des forêts nourricières et les baissières. Les forêts nourricières peuvent s'établir relativement rapidement et durer potentiellement des siècles, voire des millénaires.

La plantation initiale comprend 90% d'espèces de soutien et 10% d'arbres producteurs. Au climax de la forêt nourricière, elle comprend 10% d'espèces de soutien et 90% d'arbres producteurs.

La succession écologique rapide (ou de forêt)

- Engrais vert légumineuse – 6 mois
- Petits buissons (légumineuses et buissons de valeur) – 4 à 5 ans
- Arbres et buissons à moyen terme (légumineuses et buissons/arbres de valeur) – 10 à 15 ans
- Arbres et buissons à long terme (légumineuses et buissons/arbres de valeur) – 15 à 30 ans

Les légumineuses fournissent un taux de succession écologique accéléré tout en nourrissant les plantes et le sol. Cette approche exige moins de travail et offre des rendements plus importants plus tôt.

La Plantation en Filet et Cuvettes

La plantation en filet et cuvettes est un système employé dans des climats arides et sur des pentes escarpées. On plante les arbres dans des **creux** (les cuvettes) dans le sol qui se connectent par un réseau de tranchées (le filet). Ce système collecte l'eau des précipitations et la dirige vers les guildes d'arbres. Les arbres tirent bénéfice aussi des minéraux et mulchs suspendus dans l'eau.

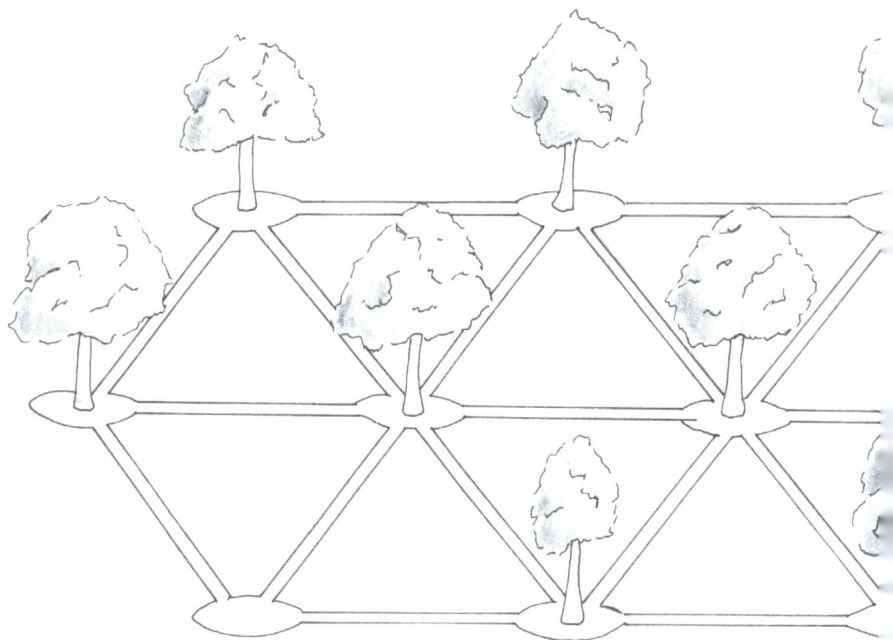

La Sélection Massale

La sélection massale est une technique de culture sélective des plantes. Quand on plante beaucoup d'une sorte (espèce, variété) de plante dans un endroit, toute sa **variation génétique** possible se révèle. Avec cette technique il est très facile de découvrir des **traits** génétiques bénéfiques, même si ces traits ne se trouvent que dans une plante sur 1000. La probabilité de rencontrer des traits génétiques rares augmente lorsque l'échelle de la plantation grandit. La sélection de traits bénéfiques doit se faire avec finesse. Les obtenteurs ne doivent pas sélectionner plus de deux traits simultanément. Initialement, on doit donner priorité aux traits de « rendement hâtif » et « **vigueur** ». Une fois ces traits bien établis, on peut faire une sélection selon d'autres critères, dont : la saveur, la couleur et les rendements augmentés.

> **Creux** : des endroits plus bas sur un terrain
> **Variation génétique** : la diversité d'expression génétique
> **Trait** : une caractéristique
> **Vigueur** : de la force et une santé luxuriante

Les Brise-Vent

Les brise-vent fournissent un endroit abrité du vent et peuvent être composé de presque n'importe quel matériel. Des bandes d'arbres rustiques font des brise-vent efficaces et durables. Les clôtures, les haies ou des buttes de terre fonctionnent bien aussi. Sur les sites battus par les vents forts, les brise-vent sont très importants.

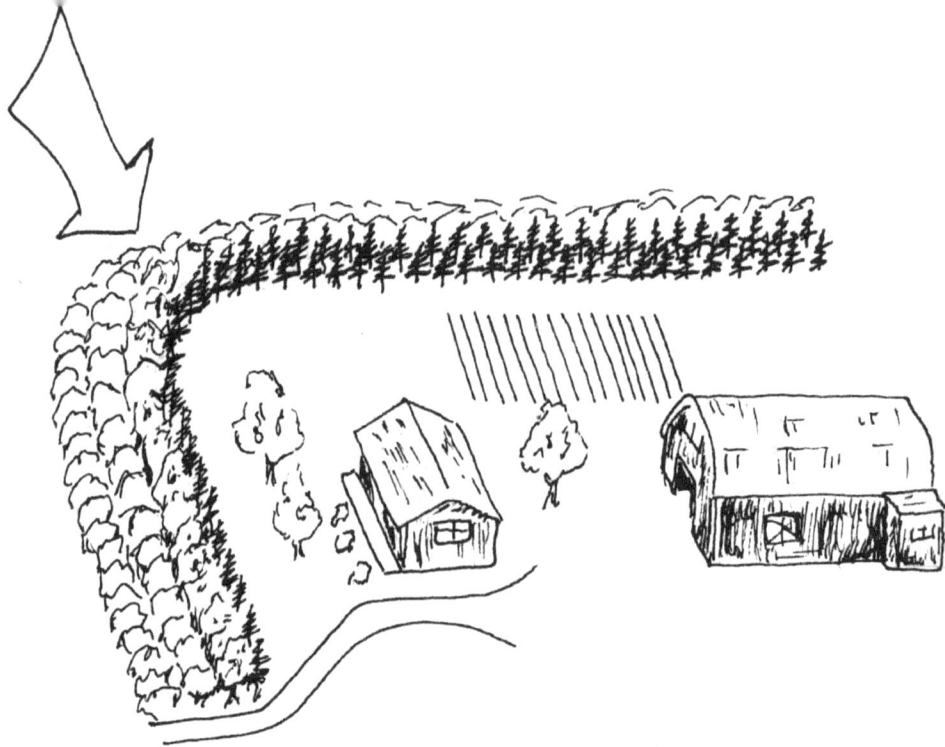

Les Microclimats

On crée des microclimats intentionnellement pour multiplier les possibilités de culture sur un site. Il n'y a pas de limites aux manières de créer des microclimats. Les rochers et les étangs emmagasinent l'énergie solaire et la laisse sortir lentement par radiation longtemps après le coucher du soleil. Les rochers et les étangs sont aussi capables de refléter la lumière vers d'autres objets. Les brise-vent atténuent les effets néfastes des vents chauds et des vents froids. Une orientation vers le soleil fournit le plus d'énergie solaire à un site, mais dans les régions extrêmement chaudes, il faut penser à l'ombrage. Les microclimats sont simplement une manipulation de la quantité d'énergie disponible sur un site.

Les Animaux

Le Pâturage en Rotation

Le pâturage en rotation est une technique qui offre du fourrage frais aux animaux et améliore le sol et la santé des animaux. Les animaux restent sur la pâture pendant une courte période avant d'être dirigés vers une pâture fraîche. Ce mouvement atténue les effets de compaction, améliore la croissance des plantes sur la pâture, empêche les animaux de manger des plantes moins nourrissantes, voire toxique et ne permet pas aux animaux d'endommager la pâture par un pâturage excessif. Cette technique fournie aux animaux le meilleur fourrage de la pâture et en conséquence leur santé et leur nutrition s'améliorent au fil du temps.

Le Tracteur à Poules

Les tracteurs à poules sont des abris portatifs pour poules qui permettent aux poules à chercher une partie de leur propre nourriture. Il est semblable au pâturage en rotation, mais avec un tracteur à poules, la structure se déplace *avec* les animaux.

Plusieurs espèces d'animaux peuvent remplacer la poule dans ces « tracteurs ». Les vaches, les cochons, les moutons, les chèvres et les lapins. Les animaux plus petits n'exige que de petites structures, alors ils sont plus facile à déplacer. D'habitude le pâturage en rotation est la technique préférée pour le gros bétail et les « tracteurs » sont favorisés pour les petits animaux; mais ce n'est pas toujours le cas. Les « tracteurs » aux animaux sont idéaux sur les sites non-vallonnées, mais avec des modifications, ils peuvent s'adapter à presque n'importe quel paysage.

La Minéralisation des Sols avec la Nourriture des Animaux

La minéralisation des sols avec les animaux est parmi les meilleures manières de combler efficacement et naturellement des carences de minéraux du sol. Le compostage du fumier des animaux et son application sur le jardin augmentent la densité nutritionnelle des aliments. La plupart de nos aliments manquent de minéraux car nos sols manquent de minéraux. On peut régler les deux problèmes en reminéralisant le sol.

Nourriture minéralisante pour animaux

2,5 g (0,5 c. à café) de sulfate de cuivre dissous dans de l'eau chaude – tue les parasites intestinaux

15 g (1 c. à soupe) de dolomite pour animaux – neutralise les effets toxique du sulfate de cuivre

15 g (1 c. à soupe) de soufre – corrige le changement de pH causé par l'alcalinité de la dolomite

15 g (1 c. à soupe) de varech – ajoute les minéraux de l'océan

15 g (1 c. à soupe) de poudre de roch – ajoute les minéraux terrestres

64 g (0,5 tasse) de vinaigre de cidre de pomme biologique – acidifie le mélange

Mélanger avec le fourrage et de la mélasse pour les animaux de pâturage

---

L'Aquaculture

L'aquaculture est l'élevage d'animaux **aquatiques** et la **culture** de plantes aquatiques pour la nourriture. Ces systèmes peuvent atteindre une supériorité de production de 30 fois plus que les systèmes non-aquatiques. Plus le corps d'eau est grand, plus les systèmes de vie sont stables. Dans ces grands systèmes, l'entretien est minime, mais le travail nécessaire pour faire la récolte augmente. Les plantes aquatiques font des mulchs excellents. Elles retiennent de grandes quantités d'eau, retenant parfois jusqu'à 40 fois leur poids en eau. Les plantes aquatiques sont capables de retenir bien plus d'eau que les plantes terrestres.

> **Aquatique** : qui appartient à un habitat dans l'eau
> **Culture** : le processus de faire pousser des plantes

> **La chaîne de la vie de l'aquaculture**
> • Les algues
> • Les zooplanctons
> • Les crustacés
> • Les poissons
>
> **Les étages de plantes aquatiques**
> • Plantes au bord de l'eau
> • Plantes des eaux peu profondes
> • Plantes des eaux profondes
> • Plante flottante

Les Chinampas

Les « chinampas » sont le système de production alimentaire le plus productif du monde. Les « chinampas » intègrent un système d'aquaculture et un système d'agriculture vivace qui profitent simultanément de l'effet de bordure. Ces systèmes restent fertiles pendant des siècles. Quand les Espagnols sont arrivés dans la Vallée de Mexico, ils ont découvert un réseau incroyable de canaux d'eau en aquaculture et des cultures qui poussaient sur des bandes d'îlots entre les canaux. Les îlots étaient noués ensemble avec des clôtures et des arbres dont des saules (*Salix spp.*) et des cyprès (Famille *Cupressaceae*).

On crée une « chinampa » en creusant une tranchée de terre dans de l'eau peu profonde et en plaçant la terre de l'excavation sur les bord de la tranchée créant ainsi des bandes de terres qui dépassent la surface de l'eau. Essentiellement on rend l'eau plus profonde et la terre plus haute. Quand le niveau de la terre est plus haut que le niveau

de l'eau, le sol commence à sécher. Les cours d'eau peu profonds ont un sol très fertile, alors le rendement d'une « chinampa » est très élevé. Une « chinampa » est également un exemple parfait de l'effet de bordure. Puisque la « chinampa » se compose entièrement de bordure, l'interaction des espèces accroît de façon spectaculaire. Le sol s'enrichit continuellement, ce qui mène à des rendements encore plus élevés.

Les Étangs

Les étangs sont des réserves d'eau qui créent des systèmes de vie diverses et augmentent rapidement la fertilité et le rendement d'un site. Le rattachement des systèmes terrestres avec les système aquatiques crée encore plus de possibilités. Il est possible de nourrir certains poissons, qui peuvent subsister sur un régime végétarien, comme les tilapias, de plantes qui se trouvent dans un étang et dans les environs. Dans ces cas, les poissons récoltent eux-mêmes leur nourriture, et leur excréments retournent les nutriments aux plantes dans un cycle.

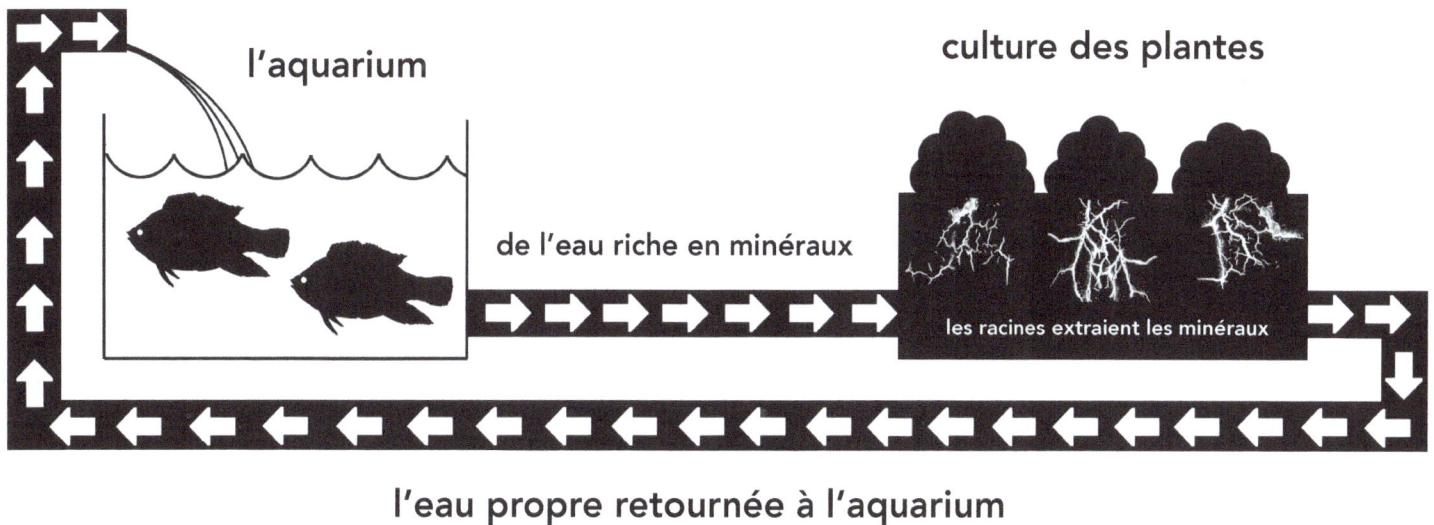

l'aquarium

culture des plantes

de l'eau riche en minéraux

les racines extraient les minéraux

l'eau propre retournée à l'aquarium

L'Aquaponie

L'aquaponie est un système alimentaire **d'hydroponie** où les racines des plantes filtrent les nutriments des excréments des poissons de l'eau. Ce système est un cycle simple qui consiste à transporter de l'eau aux excréments de poissons dans un lit de gravier où poussent les plantes et à retourner l'eau filtrée par les racines aux poissons. Il existe bien des variations de ce modèle de base. Si les plantes produites par le système servent de nourriture aux poissons, les poissons et plantes se nourriront perpétuellement (au moins, tant que les équipements continussent à recycler l'eau!)

Hydroponie : la culture de plantes dans de l'eau riche en nutriments sans sol

Les travaux de terrassement (de l'anglais « earthworks »)

Les travaux de terrassement transforment intentionnellement la topographie du terrain pour capter plus d'énergie potentielle et d'énergie directe.

Le « hugelkultur »

Le « hugelkultur », qui veut dire la « culture sur buttes » en allemand, est une technique de culture en parterre surélevée qui cherche à imiter les cycles de la forêt. De la même manière que les forêts poussent sur les restes des anciens forêts tombés, un « hugelkultur » pousse sur du bois mort enterré sous du sol et du mulch. Le bois en décomposition retient de l'eau dans le sol, dégage de la chaleur, renvoit lentement de l'azote et du carbone dans le sol et l'offre aux racines des plantes qui poussent sur le « hugelkultur ».

Le « hugelkultur », étant une butte, a souvent un côté plus à l'ombre et un côté plus ensoleillé. Cette situation rend la décision d'où mettre certaines plantes plus facile; certaines préfèrent le plein soleil et d'autres le soleil partiel.

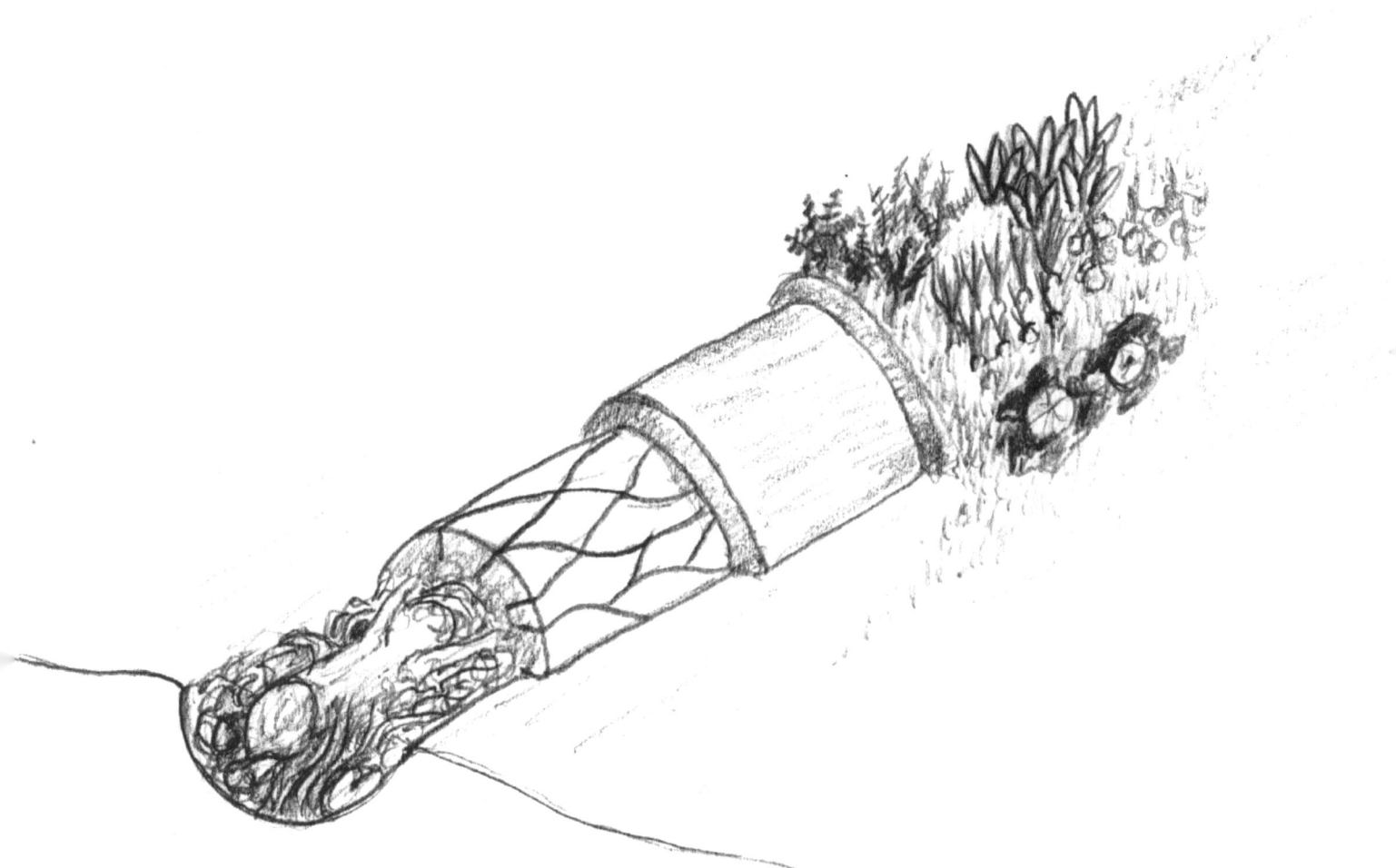

Une Baissière

Une baissière est un fossé qui suit les courbes à niveau et qui permet l'eau à s'infiltrer passivement dans le paysage. Les baissières peuvent se faire à la main, avec une pelle, ou avec de la machinerie lourde. L'échelle de la baissière ne change en rien l'infiltration de l'eau. Pour en installer une, il faut trouver les courbes de niveau en se servant d'un niveau. On marque les courbes de niveau avec des pieux. Finalement, on enlève la terre immédiatement en haut de la courbe de niveau et on la place en bas de cette ligne pour former une butte le long des courbes de niveau. L'angle de l'arrière du fossé de la baissière doit être le même que l'angle de la pente de la butte de la baissière. En tant que surfaces planes avec des buttes de sol non-compactées en aval, les baissières arrêtent l'eau et la forcent à s'infiltrer dans le paysage. Suite à des précipitations fortes elles peuvent se remplir, alors il est très important de préparer un déversoir à rebord à niveau pour assurer un débordement d'eau sécuritaire et égal. Ces déversoirs protègent les buttes de baissières de l'érosion et des coulées de boue.

Les baissières sont des systèmes pour la plantation d'arbres. Elles doivent donc être plantées d'arbres immédiatement ou peu après l'excavation pour éviter l'érosion. La majorité des plantes devront être des légumineuses, mais n'importe quelle plante fixatrice d'azote qui convient au site fonctionne aussi. Plantez parmi ces légumineuses des arbres fruitiers, des arbres à noix et des arbres aux bois de valeur. Les légumineuses se feront coupées régulièrement pour fournir du mulch, et les racines mortes sous la surface déposeront de l'azote et du carbone au sol. Ces nutriments seront bénéfiques aux arbres de grande valeur. Les éléments plus petits s'estomperont ou ne pousseront que sur les bordures, laissant place à des grands arbres légumineuses à long terme. Ces

> **Déversoir à rebord à niveau** : une longueur de terre compactée qui est plus bas que la crête d'un barrage ou d'une butte de baissière. Pendant les débordements, il permet à l'eau de se déverser en douceur en forme de petites nappes diffuses.

arbres seront les compagnons des arbres de grande valeur. Tous les arbres tiendront la baissière en place pendant des générations et serviront d'ombrage et de brise-vent à long terme. Ils retiendront de l'humidité et de la chaleur dans le sol pendant plus longtemps, ce qui améliorera la fertilité et augmentera la diversité.

> Des occasions nouvelles se dévoileront à chaque stade de développement.

Les Barrages

L'eau est une ressource précieuse. Seulement 3 % de l'eau que nous retrouvons sur terre est de l'eau douce (eau non-saline), et 75 % de cette eau est congelé. L'eau restante disponible doit être gérée sagement en utilisant des designs bien conçus. La permaculture fournit des moyens de stocker l'eau dans la terre pour la rendre disponible à nous et à la terre.

« Là où se trouve l'eau, se trouve la vie » - Geoff Lawton

Les barrages ou les étangs retiennent l'eau dans le paysage. On trouve les barrages le plus souvent dans les fonds de vallée. Ces barrages ont les bassins versants les plus larges, mais exercent aussi le plus de pression sur leurs murs, et l'eau de ces barrages possède peu d'énergie potentielle. La gravité est une force puissante. On peut tou-

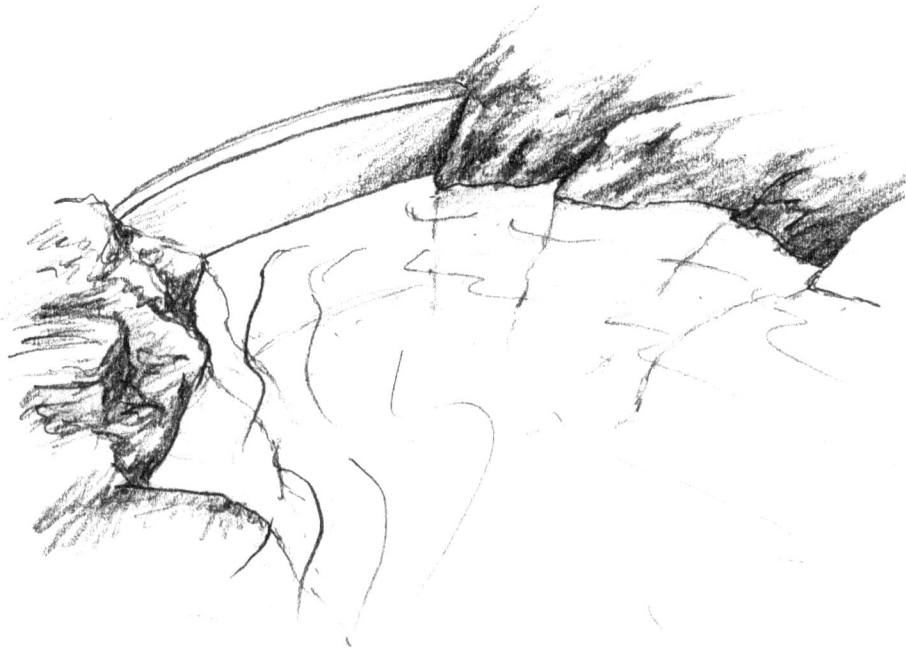

jours construire des barrages sur de basses terres, mais un bon design saura emmagasiner l'énergie potentielle de l'eau pendant toute sa descente.

Le ratio largeur-longueur du mur de barrage doit être 1:3. C'est pour cela que les designers cherchent généralement les goulots d'étranglement naturels d'un site pour économiser argent, temps et énergie.

Les Gabions

Les gabions sont des sortes de casiers en mailles de métal, souvent cubiques, remplis de pierres ou de béton brisé et servant comme matériel de construction ou à empêcher l'érosion. Les gabions captent le limon derrière eux et les pierres font condenser l'eau. Cette eau condensée peut parfois créer de petits ruisseaux au débit constant pendants une certaine période. Dans les régions arides, une série de gabions placés sur une pente peut fournir la seule source d'eau sur des kilomètres à la ronde. On verrait un petit ruissellement du gabion le plus haut trois mois par année; le prochain

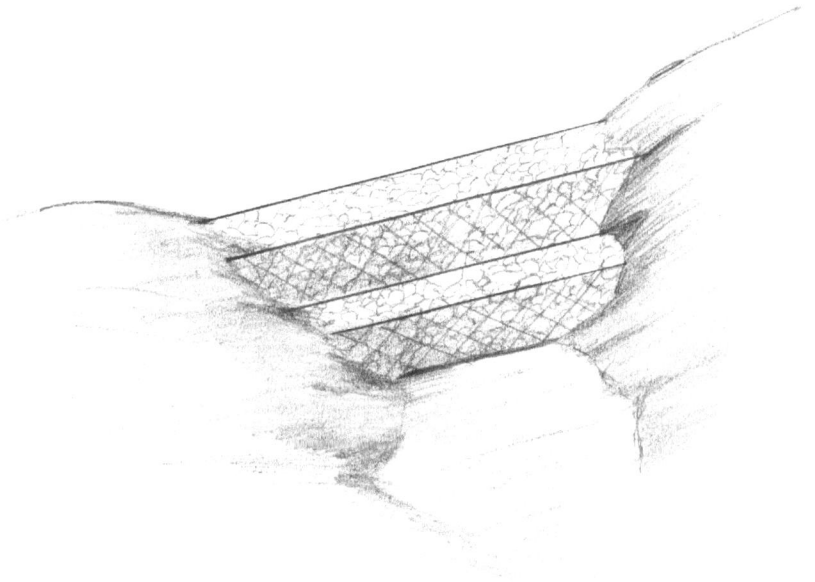

coulerait six mois par année, le suivant coulerait neuf mois par année et le dernier aura un petit ruisseau peut-être à l'année longue. Selon les circonstances, un site aura besoin de plus ou de moins de gabions pour démontrer des résultats semblables.

Réservoirs de terre
- sur plaines
- stockage d'eau
- pompage nécessaire pour les remplir d'eau

Barrages en courbes de niveau
- sur les plaines des terres basses, avec une pente inférieur à 8%
- situé sur les courbes de niveau
- fond plat
- peu profond
- aquaculture

Barrage du point-clé
- technique de reforestation
- bâti au point clé où la pente passe d'une forme convexe à une forme concave
- souvent relié à d'autres barrages par des baissières situées sur la ligne-clé

Bassin fer à cheval
- La partie plate d'une crête
- Peut être relié à des baissières
- Mur plus haut sur l'arête

Bassin selle (ou bassin col)
- Sur une crête entre deux collines
- Le barrage le plus haut possible
- Deux murs de barrage
- Déversoirs n'importe où
- Peut se lier à des baissières

Le Design au Foyer

Le Stockage de L'Eau des Pluies

Les surfaces dures, comme les toits, laisseront échapper 100% de l'eau qui y tombe. On peut se servir de gouttières, d'un **système de diversion des premières eaux de pluie** et des bidons de pluie. Avec ces outils on peut stocker presque toute l'eau des pluies.

Système de diversion des premières eaux de pluie: Les premiers litres de pluie qui découlent d'un toit contiennent bien des contaminants qui était sur la surface du toit. Ce système permet de garder l'eau du bidon de pluie principal propre en rejetant les premiers litres d'eau qui servent à laver le toit.

Les « Rocket Stove » de Masse

Un « rocket stove » de masse est un « rocket stove » qui passe ses **gaz d'échappement** à travers un tuyau entouré d'une masse thermique comme de la pierre, du béton, du sable ou de la **bauge**. Cette masse peut servir à chauffer un banc, un plancher ou un mur central. Un « rocket stove » est un tuyau en forme de « J » qui carbure à petites branches et dont les gaz d'échappement sont plus propres que les poêles à bois conventionnels. Le bout du tuyau en forme de « J » est vertical, permettant aux petites

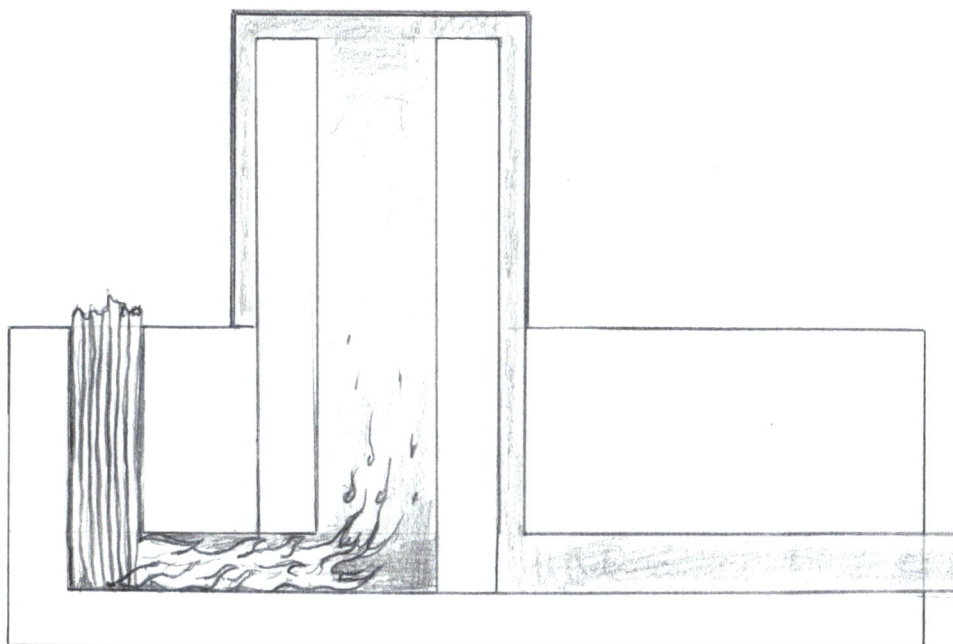

branches de descendre dans le tuyau par la gravité à mesure qu'elles brûlent. La grande cheminée tire de l'air dans le tuyau en forme de « J », le bois brûle horizontalement et crée un effet de combustion secondaire de « rocket stove » où les gaz d'échappement servent de carburant à une deuxième combustion. Les peu de gaz d'échappement restants, qui sont alors très chauds, réchauffent la masse thermique en passant par le tuyau entouré. Cette masse thermique laisse échapper de la chaleur lentement pendant une longue période. Même pendant des périodes de combustion courtes, les « rocket stove » de masse peuvent chauffer des maisons pendant plus de 24 heures dans des régions aussi froides que le Montana, aux É.-U. Les « rocket stove » de masse peuvent aussi être adaptés pour chauffer de l'eau pour la cuisson.

Gaz d'échappement : les gaz produits lors d'une combustion ou dans l'opération d'une machine

Bauge : un matériel naturel composé d'eau, de sable, d'argile et de foin sec. Elle est ininflammable et se prête à la sculpture de formes diverses.

La Serre

Une serre est une structure aux murs et au toit en verre ou en plastique qui vise à laisser entrer autant de lumière et capter autant de chaleur que possible. Parfois les serres se surchauffent et ont besoin de ventilation. Une serre bien conçue peut produire de la nourriture à l'année longue. Une serre vous permettra aussi de cultiver des plantes qui ne poussent habituellement pas bien dans votre climat. Outre la nourriture, on peut utiliser l'air chauffé d'une serre attachée à la maison pour contribuer au chauffage de celle-ci. Une ouverture dans le haut du mur partagé par les deux structures permet à l'air chaud d'entrer passivement dans la maison.

L'Ombrière

L'ombrière est une structure ombragée qui sert à cultiver des plantes sensibles à la chaleur ou à la lumière lors des périodes de chaleur ou dans les climats chauds. Ces structures peuvent servir de climatiseur dans les climats chauds. On installe une ombrière du côté de la maison le plus ombragé ou l'air frais descend vers le sol. Une ouverture dans le bas du mur permet à cet air descendant d'entrer dans la maison.

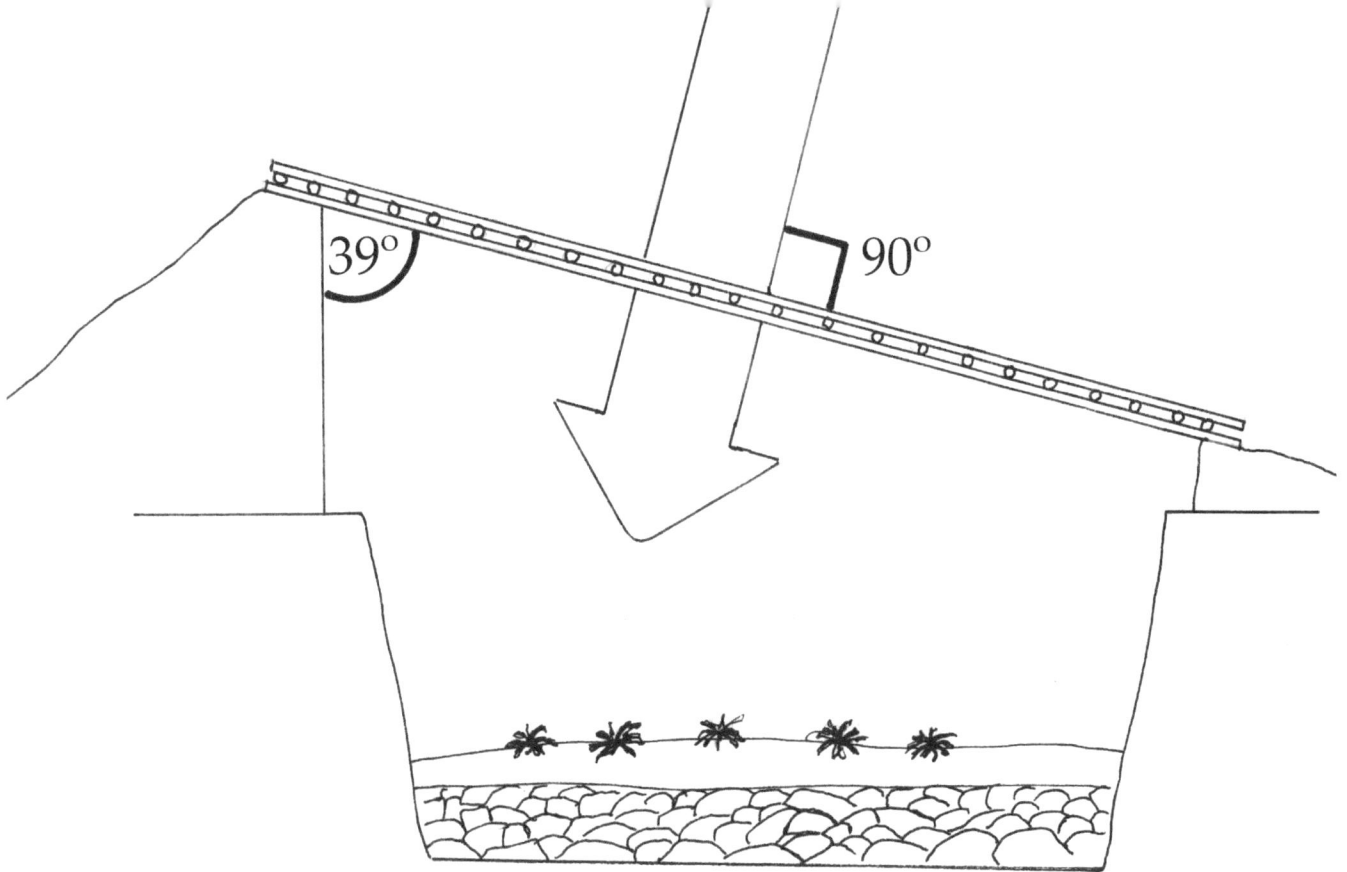

Le « Walipini »

Un « walipini » est tout simplement une serre souterraine. En Aymara, la langue d'une tribu bolivienne, « walipini » veut dire « endroit de chaleur ». Ce design utilise la température constante de la terre et une orientation adaptée à la trajectoire du soleil afin de garder les plantes au chaud même dans les climats extrêmement froids. Le « walipini » a un toit transparent en verre ou en plastique. L'angle du toit est orienté à 90° de l'angle du soleil pendant le solstice d'hiver, ce qui permet au « walipini » de capter le maximum d'énergie même pendant la journée la moins ensoleillée de l'année.

Les gens ont déjà réussi à produire des bananes en hiver, dans les Andes, à 1800 m (6000 pi) avec un « walipini ». Ils sont capable de capter beaucoup de chaleur. Bien des « walipinis » ont même besoin d'une cheminée pour évacuer leur surplus de chaleur. Le sol qui sert à cultiver les plantes est empilé sur du gravier pour permettre à l'eau de drainer. Un « walipini » est une structure facile et peu coûteuse qui permet de produire de la nourriture même pendant les hivers froids.

Le « WOFATI »

Un design de Paul Wheaton, qui s'est inspiré principalement de l'œuvre de Mike Oehler sur les maisons abritées par la terre. Le « WOFATI » est une structure abritée par la terre qui laisse entrer beaucoup de lumière, qui n'a besoin ni de chauffage, ni de climatisation. La structure emmagasine la chaleur de l'été pour alors s'en servir en hiver. La terre autour des « WOFATI » les garde frais en été et chauds en hiver. En plus, ils peuvent se construire très rapidement et à faible coût.

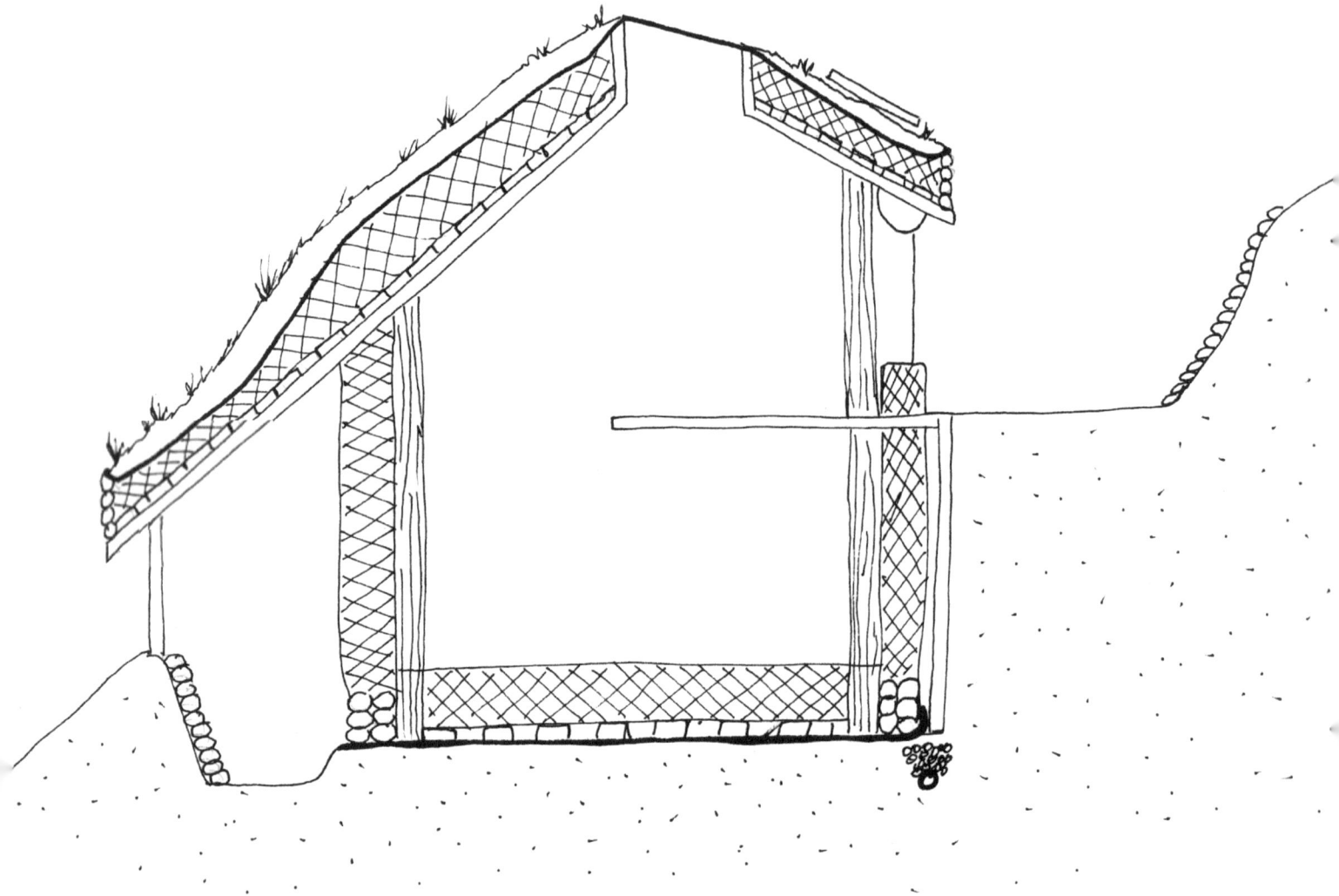

Chapitre IV

La Permaculture et L'Avenir

La Permaculture et L'Avenir

Si nous arrivons à nouer des relations symbiotiques avec la nature, nous allons pouvoir développer la résilience nécessaire à un avenir brillant. À l'aide de la science de la permaculture, nous pourrons inverser les problèmes de la dégradation des sols, de la rareté de l'eau, de la déforestation, de la pollution, de la faim et (en même temps) les conflits liés aux ressources naturelles. Nous pouvons aller encore plus loin et développer des systèmes résilient qui nous protégeront des effets néfastes du changement climatique. Cette transformation positive prendra les efforts de tous, dans leurs communautés, faisant ce qu'ils peuvent avec ce qu'ils ont. Tous les déchets doivent être recyclés chez nous. L'énergie et la nourriture doivent être produites localement, de manière durable. On n'a même pas besoin d'importer ou d'exporter quoi que ce soit. Nous avons tout simplement à regarder autour de nous; tous nos problèmes peuvent devenir des solutions. Avec l'information dans ce livre, vous pouvez régénérer des écosystèmes abattus et dégradés. Vous pouvez créer de l'abondance partout, peu importe votre âge ou vos circonstances.

Observez les plantes qui poussent déjà dans votre région. Est-ce qu'il y a des espèces pionnières légumineuses? Pouvez-vous chercher des graines? Pouvez-vous récupérer de la pluie de votre toit ou de votre terrain? Pouvez-vous creuser une baissière? Pouvez-vous ramasser du mulch ou de la matière organique? Si vous êtes capable de faire ces choses, vous pouvez commencer un système permanent qui démarrera le processus de guérison dans votre quartier ou votre région.

Commencez ! Allez-y !

MP

The Index

À Propos de l'Auteur

Matt Powers est un auteur, éducateur et entrepreneur axé sur la transformation radicale de l'expérience vécue par les enfants de la maternelle à la 12e année en alignant leur éducation sur la science régénératrice actuelle, les principes naturels et une éthique claire: protection de la Terre, soins de la personne et soins futurs. Grâce à la collection de cours en ligne de Matt, de guides de l'enseignant, de manuels et de cahiers d'exercices, les élèves de la maternelle à la 12e année peuvent comprendre les concepts des collèges et des cycles supérieurs, apprendre à redéfinir notre monde de manière éthique, et même à restaurer et redonner vie à de vastes paysages, inversant les effets dévastateurs du changement climatique. . Les travaux de Matt se trouvent en anglais, en arabe, en polonais et en espagnol, avec une douzaine de traductions supplémentaires en cours de traitement. La vision audacieuse de Matt est de permettre aux enfants du monde entier de vivre dans la régénération, où chaque action et décision est bénéfique pour la communauté locale et la communauté écosystémique.

ThePermacultureStudent.com

Autres Livres:
The Permaculture Student 2 Textbook & Workbook
The Advanced Permaculture Student Teacher's Guide
The Regenerative Career Guide
5 Steps to a Regenerative Lifestyle
The Magic Beans
Permaculture for School Gardens

www.ingramcontent.com/pod-product-compliance
Lightning Source LLC
Chambersburg PA
CBHW050909210326
41597CB00002B/71